四合院

中国俗文化丛书

丛书主编 高占祥

姜波 著

山东教育出版社

U0745475

图书在版编目(CIP)数据

四合院/姜波著. —济南:山东教育出版社,2016
(中国俗文化丛书/高占祥主编)
ISBN 978-7-5328-9309-6

Ⅰ.①四… Ⅱ.①姜… Ⅲ.①民居—研究—北京市
Ⅳ.①TU241.5

中国版本图书馆 CIP 数据核字(2016)第 052115 号

中国俗文化丛书　　　　高占祥　主编
四 合 院　　　　　　　姜　波　著

出 版 人:刘东杰
出版发行:山东教育出版社
　　　　　(济南市纬一路 321 号　邮编:250001)
电　　话:(0531)82092664　传真:(0531)82092625
网　　址:www.sjs.com.cn
发 行 者:山东教育出版社
印　　刷:山东临沂新华印刷物流集团有限责任公司
版　　次:2017 年 2 月第 1 版第 1 次印刷
规　　格:787mm×1092mm　32 开本
印　　张:4.875 印张
印　　数:1—3000
插　　页:2 插页
字　　数:80 千字
书　　号:ISBN 978-7-5328-9309-6
定　　价:12.00 元

(如印装质量有问题,请与印刷厂联系调换)
印厂电话:0539-2925659

图1　北方四合院庭院

图2　南方四合院庭院

图3　北京四合院院落

图4
福建四合院的天井

图5
江南水巷民居

图6 齐鲁大学近代四合院

图7 济南市万竹园全貌

中国俗文化丛书
编委会

主　　任： 高占祥

副 主 任： 于占德

编　　委：（以姓氏笔画为序）

于占德	张占生
于培杰	孟宪明
马书田	尚　洁
叶　涛	郑土有
宁　锐	郑金兰
石奕龙	高占祥
刘志文	徐杰舜
刘连庚（常务）	常建华
刘德增	曹保明
刘　慧	程　玮
曲彦斌	

中国俗文化丛书

主　　编：高占祥
执行主编：于占德
副 主 编：于培杰
　　　　　叶　涛
　　　　　刘德增

序

在中华民族光辉而悠久的历史传统文化中，俗文化占有十分重要的地位。它不仅是雅文化不可缺少的伴侣，而且具有自身独立的社会价值。它在中华民族的发展历程中，与雅文化一起描绘着中华民族的形象，铸造着中华民族的灵魂。而在其表现形态上，俗文化则更显露出新鲜、明朗、生动、活跃的气质。它像一面镜子，折射出一个民族、一个地区的风土人情和生活百态。从这个角度看，进一步挖掘、整理和发扬俗文化是文化建设的一项战略任务。

俗文化，俗而不厌，雅美而宜人。不论是具体可感的器物，还是抽象的礼俗，读者都可以从中看出，千百年来，我们的祖先是在怎样的匠心独运中创造出如此灿烂的文化。我们好像触到了他们纯正的品格，听到了他们润物的声情，看到了他们精湛的技艺。他们那巧夺天工的种种创造，对今人是一种启迪；他们那健康而奇妙的审美追求，对后人是一种熏陶。我们不但可从这辉煌的民族文化中窥见自己的过去，而且可以从中展望美好的明天。

俗文化，无处不在，丰富而多彩。中华民族，历史悠久，地大物博，人口众多，在长期的生活积淀中，许多行为，众多器物，约定俗成，精益求精。追根溯源，形成系列，构成体系，展示出丰厚的文化氛围。如饮食、礼俗、游艺、婚丧、服饰、教育、艺术、房舍、变迁、风情、驯化、意趣、收藏、养生、烹饪、交往、生育、家谱、陵墓、家具、陈设、食具、石艺、玉器、印玺、鱼艺、鸟艺、鸣虫、镜子、扇子等等，都是俗文化涉及的范围。诚然，在诸多领域里，雅俗难辨，常常是你中有我，我中有你，彼此交叉，共融一体；有的则是先俗而后雅。

俗文化，古而不老，历久而弥新。它在人们的身边，在人们的生活中，无时无刻不影响人们的思想、观念和情趣。总结俗文化，剔除其糟粕，吸收其精华，对发扬民族精神，增强民族自信心，提高和丰富人民生活，都具有不可忽视的意义。世界文化是由五彩斑斓的民族文化汇成的，从这个意义上讲，愈是民族的，就愈是世界的。因此，我们总结自己的民俗文化，正是沟通世界文化的桥梁。这是发展的要求，时代的召唤。

这便是我们编纂出版这套《中国俗文化丛书》的宗旨。

目
录

1

小　引

　　说实话，我当时接到这本书的题目时似乎并没觉得很难，所以叶涛先生约稿时我竟一口答应了下来。觉得小时候曾在四合院中住过七八年，那院子中的一砖一瓦似乎还历历在目，这几年又南南北北走过不少地方调查民居，手头上还有几千张民居的照片，似乎写本几万字的小册子不会太难。可当我真正动笔要写这本书的时候，才发现"四合院"这个题目太大了，也太深奥了，许多问题远非我这个年龄和学识的人所能解释清楚的。历史上有过的四合院且别说了，就是现存的四合院，从南到北就有很多区别。单讲门楼，北京四合院的门楼方方正正有几十种样子；到了山东，又是另外一种风格；到了江苏、浙江又完全变了样；到了福建、广东，竟成了翼角飞挑的样子了。加上每个省、区的门楼，还有城镇与乡村、平原与山区的区别，还有门楼的传说、构造、细部雕刻等诸多不同，别说整个四合院了，光是四合院的门楼就可以写本书了。当然，这些都需要详细的实地调查和比较才能得来，才能把各地四合院的特色写得全面，而像我这样走马观花的调查和搬点资料来谈四合院实在是太粗浅了。

四合院是中国传统建筑文化的一部分，它包含了中国传统文化的许多现象。中国传统建筑有着数千年的灿烂历史和无比丰富的内涵，但文献的记载和考古的发现对照古代建筑的成就来说实在是少得可怜，就是那些幸存下来的宫殿寺庙，也大多或历经维修或挪作他用，失去了原来的历史面貌。唯有四合院直到今天仍被我们的老百姓大量使用着，有的乡村几乎还都是清一色的明清遗风。每次下乡考察民居，几乎总有上百年甚至几百年前的老房子被发现。许多老乡家里甚至还保留着、使用着许多传统生活的用具，那些模糊了的历史信息被清晰地写在了这些四合院中。记得清华大学的陈志华先生曾经说过，我们的每一个乡村都是一座中国历史文化的博物馆。那么，每个村落中的四合院就是这个博物馆的一部分了。正是中国大地上无数个这样的乡村博物馆，才积淀成我们灿烂丰富的民族文化。

这几年的民居考察使我对这些"博物馆"的历史文化价值深信不疑，这些四合院无论对历史还是将来都有不可估量的价值。

对于文化的研究需要长期的积累和多方面的知识，特别是对文化宝藏的探索更需要漫长的时间和丰富的经验，而自己既非建筑历史科班出身，又没有深厚的民俗研究积累。对四合院这座文化宝库来讲，我仅仅触摸了它的一角，根本谈不上研究。让我以这样的知识和阅历来谈四合院文化，当然要显得单薄和没有底气。

本书中所写的多是这几年我在民居考察中的一些所得，这仅仅是对四合院的一点点表象的记录。我所见的四合院对于整个四合院文化来讲真是沧海一粟；匆忙中用自己那些不成熟的文字来介绍四合院，真是愧对我们民族那灿烂的文化宝藏。现在之所以想写下这些文字，只是希望读者能借此在匆忙的现代生活中多关注一下我们身边的那些越来越少的老房子。

我们的社会正在经历着前所未有的变革，四合院的命运也将面临着深刻的变化。那些经历了几百年风雨的四合院落，绝大部分要在我们这代人眼里灰飞烟灭。想想这些，心里便有一种紧迫感，探究这些文化宝藏的任务也显得刻不容缓。

当然，这非一两个人的能力、一两年的时间所能完成。所以愿以自己粗浅的认识写下此书，与关心我们民族文化的同仁们共勉。

一、民居与四合院

一提及民居，人们自然就要想起那些老房子，想起自己的家。的确，在日常生活中，住与人们的关系真是太密切了。它同我们古老的饮食文化和服饰文化一样，源远流长，又风格各异，深刻反映着社会生活。在我们中国民居中最具有代表性的当属四合院了。

（一）民居的产生

本书谈的是中国人传统的民居四合院。四合院是一种很有意思的居住文化现象，是中国传统民居的重要组成部分，因此谈及四合院，就不能不先提及民居这个话题。

民居，顾名思义，就是老百姓居住的房子，当然也包括我们现在居住的城市单元楼房和农村新式瓦房。不过这些现代的民居是工业文明的产物，外形千篇一律，呆板沉闷而缺乏生气。我们这里只介绍过去老百姓所居住的老房子。这对现在大多数人来说是一个既陌生又熟悉的世界。翻开中国的建筑史，人们关注的总是历代皇宫名苑、庙宇厅堂，走到全国各地，人们多去参观名胜古迹、宫阙园林，而那些普普通通的传统民居却少有问津。在大多数人心目中，这些民居只不过是些与现代文明相距越来越远的老房子。然而，正是这些千百年来与人们朝夕相处的老房子所散发出来的文化气韵滋养了中国一代又一代人的心灵，那弯弯的街巷、高高的门楼深深地铭刻在一代又一代人的记忆中，牵动着远方游子思乡的情怀。这些老房子对于生于斯、长于斯的老百姓来说是再熟悉不过，亲切不过的了。它始终静默地伫立在那里，忠诚地记述着一代又一代人的沧桑轮回，生动地记录了我们祖先真实的生活场景，同时也凝结了中国几千年的营造经验。

在介绍四合院之前，先让我们追溯到几千年以前，看看祖先们是如何利用简陋工具与材料来营造自己梦中家园的吧。

在上古，"人民少而禽兽众"，原始人过着群居的生活，大多以天然洞穴为居所。这种原始的居住洞穴在北京周口店以及辽宁、湖北、浙江、广东等地都有发现。不过，以天然洞穴为住处只是原始人的生存本能之一，还有一种"构木为巢"的巢居，《韩非子·五蠹》中就有"上古之世，人民少而禽兽众，人民不胜禽兽虫蛇。有圣人作，构木为巢，以避群害"的记载。神话传说也好，典籍记载也罢，只不过为我们研究祖先早期的居住形式提供了一些参考，我们祖先早期的居住形式主要的还是通过后来不断的考古发现来证实的。

全国各地不断的考古发现表明，到新石器时代，民居营造活动已初具规模。当时在如今的临潼姜寨、宝鸡北首岭、西安半坡、洛阳王湾等地都曾有大规模的民居出现。那时的房屋地面以上部分甚少，多为半地穴式，房屋的结构有木骨草泥墙或简单的梁柱绑扎式构架，屋顶多为茅草或草泥。建筑形式非常简单，谈不上厅堂院落，但总体布局合理有序，颇能说明我们的祖先自远古起就能运用其丰富的想象和智慧来建设自己的家园。

现在我们所能见到的保存最好的新石器时代的民居，应是西安的半坡遗址（图1）。那里已辟为著名半坡博物馆，成为中国一处重要的文化遗址，每天都有许多国内外人士前去参观。当我们站在半坡遗址前，看着那严谨的功能分区和总体布局，对我们祖先的钦佩赞叹之情油然而生。半坡遗址的总平面为不规则的圆形，居住区占地约 300 平方米，分为两片，据推测可能分属于氏族内的两个组团，每片之内，各有一个约 160 平方米的大房子。大房子中部有四个房柱的柱洞，进门后是一个大空间，后面是三个小室，应属"前堂后室"的布局。大房子周围有许多平面或圆或方的小房子，面积约12～40 平方米，为木骨泥墙结构。据民族学资料推断，大房子为当时氏族首领的住所和氏族成员议事的场所，而小房子为氏族成员的住所；大房子是整个居住群落的中心，质量最好，小房子是附属于大房子的。同样的布局形式在距今 7200多年的沈阳新乐遗址也得到印证。新乐遗址的民居是按原来大小在院子里复原的，院子很大，再加上周围的树木和各种动物及原始人的塑像，看起来都很像几千年前的样子。新乐遗址的布局也是许多小房子围绕中央的大房子布置，很明显，它们是从属于大房子的。小房子为简单的木柱绑扎结构，面积仅为20～30 平方米，而大房子结构复杂，内部有圈柱，面积近 100 平

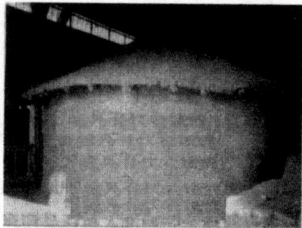

图 1　西安半坡遗址复原民居

方米。半坡遗址和新乐遗址虽然相隔遥远，但是可以看出，

从"人只知有母，不知有父"的母系氏族社会开始，民族部落就确定了以长者为中心的居住布局形式。这种布局形式与后世封建宗法制度下以厅堂为中心的四合院建筑布局一脉相传。同时，从这两处遗址的布局形式中也可以看出，随着社会的产生，也确定了个人住房从属于村落公共场所的地位。这种特定的从属关系从几百人的氏族村落一直延续到泱泱百万人的封建都城。民居从它产生的那天起，就深刻地反映了家庭与社会的从属关系。

当我们比较这几处同属于新石器时代的母系氏族聚落时，可以发现这样有趣的现象，就是这些民居的建造时代大致是相同的，但它的结构形式却是截然不同的。地处西北的半坡遗址的"半坡型"房屋采用木骨泥墙的结构，屋顶也为木骨架抹泥，那厚实的泥土外表极类似现代关中一带的民居；而处于东北的新乐民居采用半地穴的形式，室内采用木柱绑扎结构，外墙用木架稻草绑扎方法，屋顶高高耸起并留有天窗，外轮廓柔和富有变化，从复原的建筑可以看到现在朝鲜传统民居的影子。而在同一时期，位于长江下游的浙江河姆渡人的民居已经采用干阑式结构，并且有了完整的梁、柱、板、枋等建筑构件，并采用榫、卯结构来代替梁柱的绑扎和木板的拼结。现在的浙江博物馆陈列有大量的河姆渡时期的原始木构件，这些木构件虽然不是很完整，但其复杂程度使人不敢相信这是新石器时代的人用石器加工的。河姆渡人"将一直认为只有金属工具才能胜任的这种加工技术的历史一举推前了几千年"（《浙江省博物馆河姆渡遗址展览说明》）。

从这些氏族建筑遗址中可以看出，民居从开始形成时起就表现了明显的地域性差异。以后随着历史的发展，这种差异越来越明显，越来越趋地方化，最终形成了中国民居多种多样的形式和丰富多彩的内容。

（二）民居种种

各地民居明显的差异不仅仅是由于地理气候条件、地方材料和传统的构造技术方法的不同，而且还受到社会、种族、文化、经济及宗教因素对建筑形式的影响。譬如，由于我国是多民族国家，各民族的文化历史传统和生活习惯不同，所以各族民居在平面及空间处理、构造方法和艺术风格上表现出多种形式：新疆民居（图2）按维吾尔族的习俗，已有外走廊的庭院组织敞廊、平台和居室，居室内喜用石膏花纹和木雕装饰；藏族民居习惯石结构建筑，外墙实多虚少，好似碉堡，底层为畜圈，二层为居住层，三层有晒台和经堂；蒙古包为蒙古族传统的民居形式，一般用羊皮覆盖，以枝条做骨架，构造简单，适应游牧生活；西南傣、侗、景颇等众多的少数民族的民居形式多采用干阑式，木柱承重，草顶、竹墙，廊前有"展"，出檐很多，屋顶折线型；东北延边朝鲜族民居为"五开间"、"八开间"，居室满炕；台湾高山族民居保留了部落生活的原始形式，集居住与生产于一室等等。

图 2　新疆喀什民居

　　这种种不同的民居作为各地特有的人文景观，体现了各地不同的民俗风情，这也是我们去各地游览的直接感受。但目前要全部搞清这些民居的特色是十分困难的，一是我国地域辽阔，民居种类太多；再是民居研究的分类方法也有所不同，可以按照材料、构造、平面布局等划分为不同的类别。但这些都是比较复杂的学术问题，不是简单的篇幅可以讲清的。这里我们可以按照中国六大行政区域把全国民居分成六大片，即东北、华北、华东、中南、西北和西南地区，然后分片对民居做一个最简单的介绍。

东北民居：东北地区包括黑龙江、吉林和辽宁三省。境内土地辽阔、物产丰富，大小兴安岭位于东北北部，为民居建筑提供了优良木材。东北民居以东北四合院和朝鲜族民居为主，类型比较统一。由于东北属严寒地区，因而民居的保暖性显得十分重要，人们曾用"高高的、矮矮的、宽宽的、窄窄的"来概括东北民居的特色："高高的"是指房屋的台阶要高，东北地区气候寒冷，冬季冻土层厚、积雪深，高高的台阶一是可以隔离冻土层，二是可以防止积雪对房基的侵害；"宽宽的"是指房屋的南窗要宽阔。东北民居采用传统的抬梁式结构，向南的窗户往往安在两个立柱之间，宽大的窗户可以使室内获得更多的日照；"矮矮的"、"窄窄的"是指室内的净空低些，进深窄些，这些也都是为了房屋保温，减少热量损失而采取的合理措施。

东北民居的另一大特色就是院落宽阔。由于东北地区地域辽阔、人烟稀少，建房不必像山区民居那样考虑占地多少，当地居民有条件的建筑被称为"套大院"的院落。这种院子也是四合院类型，院子中除了正房、厢房和厨房外，还有柴房、碾房、大牲口棚等等，充分体现了农耕生产的特征。东北的朝鲜族民居主要分布在延边朝鲜族居住区，建筑为木架结构歇山顶，飞檐翘角，造型优美，外表为粉墙木隔扇门，特色鲜明。室内为满铺火炕，保温性极佳。

东北民居朴实、简单，没有过多的装饰，却极具科学道理。它空间的安排，未加雕琢的自然院落，使人联想起东北平原的辽阔和东北汉子的粗犷豪爽。

华北民居：华北地区气候温和、四季分明，地势以高原、平原为主，民居以北方四合院和蒙古包为主。华北地区是四合院分布最为广泛，最具传统特色的地区，而该地区的北京四合院又可视为华北民居的典型。七八百年的帝京文化使北京四合院受到强烈的封建宗法制度的影响，具有成熟的尺度和空间安排，对周围地区影响很大。久负盛名的北京四合院，将在后面的章节中作专门的介绍。

华东民居：华东地区的大部分省份位于东部沿海地区，这里气候温和、资源丰富、经济繁荣，自古以来便是经济发达、文化昌盛的地区，因而该地区民居形成了一种成熟完美的风格。该地区以江浙水乡民居、江西皖南民居、福建客家民居、山东四合院民居最为著名。其中，江南水乡民居清新秀丽而宁静，皖南民居精美高大而壮丽，福建客家民居雄伟高大而朴实，山东民居质朴自然而敦厚。这些民居虽然风格迥异，但是在平面布局、装饰内容、空间处理等方面都深受中原文化和儒家思想的影响，同时又结合各地地理环境和自然条件进行合理的设计，形成了以院落或天井为中心安排房屋建筑的特点。华东地区民居是我国民居艺术中最精美最成熟的部分。

西北民居：西北地区幅员辽阔，包括新、宁、甘、陕等省区。境内地形、气候差异很大，民族众多，生活习惯各不相同，历史文化发展也极不平衡。这种种因素，形成了该地区民居建筑形式的多样性和鲜明的民族性特色。

西北典型的民居形式有窑洞民居、关中窄院民居、甘南藏族民居、新疆维吾尔族民居、青海庄窠民居、宁夏回族民居等等，其中以窑洞民居和关中民居最为著名。

窑洞民居在我国有悠久的历史，广泛分布在黄河上游的甘肃、陕西、宁夏等地的黄土高原上。窑洞民居按其结构和布局大体可以分为靠崖式窑洞、下沉式窑洞、独立式窑洞等。这些窑洞巧妙地利用丘陵、坡地、山地就地取材，因地制宜，具有造价低廉、施工简单的特色，而且冬暖夏凉，外观雄浑朴实。其中以陕西米脂县姜耀祖庄园窑洞最为著名。

关中民居多采用四合院的类型，但四合院的宽度较窄，故称窄院四合院。这种四合院冬天避风，夏天遮阳，适应了关中干燥多风的天气，同时也缩短了街巷的长度，减少了对有限耕地的占用。关中民居历史悠久，其院落中砖石木器雕刻都十分精美，这在西北民居中是比较少见的。关中民居比较著名的有陕西三原孟宅、周宅等。

青海少数民族民居受中原文化影响，也为四合院的布局，但院落不做严格的对称，并且在正房两侧设有做礼拜用的"水堂子"。新疆维族民居平面布局，空间变化多样，装饰上民族特色鲜明。

从整体来看，西北民居类型多样，西北地区悠久的历史和各民族深厚的文化背景造就了该地区民居具有民族特色和传统特色相交融的特征；同时，这里的民居都是利用自然环境和天然材料修建，体现了一种朴实无华的审美意识。

中南地区民居：中南地区境内地形以平原为主，由于该区南部为少数民族居住区，所以其民居呈现出受中原文化影响的汉族四合院和少数民族性民居共存的现象。境内具有代表性的民居主要有广州三间两廊民居、湘西民居（图3）、海南黎族村寨及广西干阑式建筑等等。经济实用、类型丰富、特色鲜明是中南地区的建筑特征。

图3　湘西凤凰吊脚楼

中南地区南部的广州等地处于亚热带，气候炎热潮湿，并时有台风暴雨侵袭，所以这里的民居在建造时都要选择良好的朝向，并且采用"竹筒屋"的平面布局方法，即增加院落的进深，减少开间，从而可以较好地解决采光、通风、防风等问题。该地居民对院落的装饰效果极为重视，在建院时采用雕刻、陶塑、壁画等多种装饰手法，其精美细致的装饰和层层紧凑的天井往往给人一种幽雅、宁静的感觉。

西南民居：西南地区位于我国西南边陲，那里土地辽阔，地形复杂，气候多样。同时，该地区又是少数民族大量居住的地区。复杂的地理环境和多民族的生活习惯的差异，构成了该地区民居丰富多样的内容。

西南民居主要包括四川平原的四合院民居、藏族碉房帐房民居（图4）、贵州苗族吊脚楼民居、云南"一颗印"民居、大理白族民居和傣族民居等等，其中以云南大理白族民居和丽江纳西族民居最为著名。

图4　西藏碉房

云南大理白族民居以"三坊一照壁"为主，由正房、厢房、三坊房屋及照壁围成一个四合院。白族民居以装修精美的大门楼、照壁取胜，装饰手法有木雕、石雕、泥塑等等。

丽江纳西族民居在构造上很好地结合了当地山水等自然环境，同时又吸取了中原建筑及其它地区建筑的特色，门楼、门窗、照壁装饰也十分精美，宛如丽江秀丽的风姿。

从整体上看，西南民居以少数民族民居为主，建筑及装饰吸取了当地的民族特色，或秀丽多姿，或庄重严谨；同时，该地区变化复杂的地形又使这里的民居构造独特，平面布置自由，具有民族性、多样性、装饰性、自然性特点。

以上只是根据我国的行政区划对全国各地的民居做个大概介绍。概括地说，平原地区和汉文化地区的民居一般以四合院为单位，以木结构为主；而偏远地区和少数民族民居受地方文化影响较多，结构形式多样。这两种文化现象并非因地域而截然分开，它们是相互交融相互影响的，构成了平面布局以院落为核心，结构以木结构体系为主，材料为自然材料特别是土木为主的中国民居的总体特征。

（三）影响深远的民居——四合院

从上节中我们可以看出，我国无论从北到南还是从东到

西都有四合院的分布，东北的大院是四合院的形式，云南的
"一颗印"也是四合院的样子，就连陕西的下沉式窑洞都是四
合院的布局。可以这样说，四合院是中国民居中最基本最普
遍的一种形式，是中国民间建筑的代表。

四合院就是四面用房子围合起来的院落。北方四合院一
般是由五开间的北屋、五开间的南屋、三开间的东西厢房组
成。如果院落是坐北朝南的，大门就位于整个院落的东南角，
进了大门，迎面是照壁，照壁的左边是一座月亮门，跨过月
亮门，就进了前院。前院很窄，仅五间南屋，前后院之间有
二门相连。二门的叫法、做法各地不同，北京人称之为"垂
花门"，雕饰非常精美。过了二门，才算是到了正院，即主人
居住的地方。正院迎面为五间高大宽敞的北屋，左右为对称
的东西厢房，院内还种上一两棵石榴树。这是标准北方四合
院的格局。复杂的四合院有四五进院落之多，由几座四合院
相套，简单的则没有前院，只有三间或五间的南屋、北屋和
两间东西厢房一围，便成了四合院形式的院落，有些地方也
称这种院子为三合院。其实，不必那么拘泥于形式，三合院
的主人如果稍有财力的话，一定也会盖上五间气派的大南屋，
形成正规的四合院的格局。盖成三合院，确实是出于无奈。

但不论怎样，从空中俯瞰这些或简单或复杂的院落，它们都呈现出四周封闭、中轴对称、前后有序的形式。如此看来，遍布中国大江南北的四合院代表不仅仅是中国人的一种居住方式，更体现了中国千百年来形成的一种秩序——封建宗法制度。

首先，四合院是封闭的。从外观上看，无论是南方还是北方的四合院，四周都是高高的院墙。院墙或是粉墙，或是砖墙；或是半坡顶，或是双坡顶。墙上绝少留窗，即使留窗，也是在高高的墙顶上留那么小小的一两扇，可望而不可即，更别说窥视院内的一分一毫了。整个院落被院墙森严封闭，只留一个大门，而且这大门在无人出入的绝大多数时间总是紧闭的。过去有句老话"关起门来过日子"，说的就是这种情形。四合院的这种封闭格局是和中国人内向、保守的心态分不开的，而这种封闭心态又与中国人千百年来安于现状、与世无争的处世哲学和自给自足的小农经济分不开。可以说四合院的格局很符合中国人封闭的心态，而中国人的封闭心态又造就了四合院的这种格局。这与西方以房子为中心，四周开敞的布局是截然不同的。东西方民族的不同性格通过其所居住的院落可见一斑。中国四合院的这种封闭特性一直持续到近代的西式别墅建筑在中国出现以后。中国近代的西式别墅四周也留有围墙，而且不是那种通透的铁花栏杆围墙，多是半人高的胸墙，四合院的封闭格局到近代都无改变。联想到中国几千年来无论是都城还是乡村的封闭、紧箍，这小小院子的千年不变也就不足为奇了。

四合院的封闭性还有它重要的一个原因，即对安全的考虑。越是偏远、不安定的地区，四合院的封闭性表现得越为强烈，该地区的人也越谨慎、保守。这与中国历代社会的动荡有一定的关系，社会大气候对人的教化往往超过了自然界对人类的影响。

其次，四合院强调中轴线，采用对称的布局。四合院的主要建筑都位于中轴线上，如倒座、二门、北屋等，这些建筑严格对称且沿南北纵深发展，东西厢房和前后院落也采用对称的手法，给人的感觉就是统一和严谨。大户人家的院落往往由若干四合院组成，先是在纵深方向增加院落，再横向发展，增加平行于中轴的跨院。四合院的这种布局适应了中国传统家庭起居习惯，也体现了中国家庭的伦理道德。两千多年前，《礼记》中就有"居处有礼"、"居处不庄非孝"的居礼要求。并且中国传统的家庭一般为三世、四世，甚至五世同堂，一大家子多的有几十口同住在一起，因此四合院中长辈住哪间房子，晚辈住哪间房子，客厅在哪儿，厨房在哪儿，都有严格的要求。如在一个二进院落的北方四合院中，后院的五间北屋高大宽敞、四季朝阳，其中间为堂屋，家中长辈住在堂屋右边的东屋，而西屋一般为成家的长子夫妇居住，其他子女住东西厢房。如果家中人口还多，也有住在南屋的。不过南屋一般是不住家人的，常常作为书屋和贮藏间，偶尔作为客人和佣人的住处。这是最普通的三代同堂的小康人家院落布局，温馨而亲切，洋溢着浓郁的家庭气息。在这样的院子里常见到这样的场景：阳光下，石榴树旁，一位慈爱的老人坐在躺椅上，笑眯眯地逗弄着绕膝嬉闹的孙子，儿子、儿媳在一边儿忙碌着。而在大户人家的多进院落中就很少见到这种轻松的气氛，"男子昼无故不处私室，妇人无故不窥中门"，"女仆无故不出中门，有故出中门亦必拥蔽其面"……严格的封建礼教被无形地融入四合院的布局中。在多进四合院中，二门中的四扇屏门是长年不开的，即使进了前院，跨入二门也看不到内院的活动。北方的大宅院除了位于院落中轴的通道外，在跨院之间还有长长的夹道，供佣人行走；在南方，这种夹道被称为备弄，狭长幽暗不见阳光，走在里面看到的只是建筑的一处屋角，就像人们隔着护城河看到的只是故宫厚重高峻的外墙和四周的角楼一样。这种建筑布局沉闷而压抑，束缚着普通人的自由与性情，仆人对主人也只有顺从和谦卑，就如同大臣永远要低头上太和殿跪拜皇帝，永远是一种不平等的服从关系。四合院严谨有序的布局，从某种意义上说是对封建宗法制度的维护。

封闭、强调中轴对称的布局不仅体现在四合院上，在中国其它的建筑形式中也有深刻的反映。例如宫殿、官署、坛庙，甚至于陵墓。可以说，无论大型建筑还是小型建筑，无论宫廷建筑还是民间建筑，在设计原理和设计宗旨上都是一致的。现在的民俗学者普遍认为宫廷文化源自民间文化，这样说来，宫廷建筑和民间建筑的关系是怎样的呢？

我们对照规模浩大的故宫建筑群不难发现，就整体布局而言，故宫与普通的四合院并没有什么差别，同样都是院院相套的院落。这虽然不能说明普通民居与皇家建筑的渊源，但有一点是千真万确的：所有的宫廷建筑都是由来自民间的工匠建造的，施工的技术和工艺也都源自民间。明初营造故宫三大殿（太和殿、中和殿、保和殿）的主持人蒯祥，就出身于苏州的一个工匠世家，其父是当地很有名气的木匠。蒯祥一生主持过许多宫殿、府第的建造，这或许就与他小时候的家庭熏陶有关。说不定他就是住在苏州的一座讲究的四合院里，从小跟着父亲到过不少院落的施工现场。那些为建造宫殿而征集来的千千万万名工匠同蒯祥一样来自民间，成长于民间，从民间日积月累的劳动中积累了丰富的经验，否则怎能建造出万代景仰的皇家宫殿呢？可以说没有这些民间艺人，中国就没有这些辉煌的宫廷建筑。沈阳清代故宫有些特殊，其石雕就雕刻技术和艺术表现力而言，不要说无法与北京皇宫相比，连江南一些大一点儿的宅院都比不了。这看上去有些让人费解，但如果了解一下东北民居就不感到奇怪了。东北民居以质朴实用见长，很少有雕刻，而努尔哈赤兴建沈阳故宫时尚未统一天下，无法召集到关外的能工巧匠，所以沈阳故宫的石雕水准只能由东北民间工匠的水平决定。

四合院的布局形式不仅影响宫廷建筑，而且很大程度上影响到其它民间建筑的布局。在中国的一些传统城市中有不少店铺集中的商业街，位于商业街中的传统店铺大多为前店后宅、前铺后坊的形式。如果我们仔细分析一下它们的布局形式就不难发现，这种家庭作坊式的店铺采用的是完完全全的四合院布局，只不过把临街的南屋或北屋改成通透的店面形式，卸下铺板、摆上柜台、立好货架就成了铺面。这种店面形式在江南小镇上尤为多见。而北方店铺的布局与南方也大致一样，几乎都是四合院的布局，即使是近代店铺也没有打破这种格局。曾经名震大江南北的瑞蚨祥采用的就是这种格局。

四合院对近代建筑的影响也很大。当时，许多外国人所做的著名院校规划就借鉴了四合院的布局形式。关于近代四合院的影响，我们还将在以后章节中讨论。

从以上分析中我们不难看出，民间建筑的研究是建筑史研究中的重要一环。如果没有民间建筑的研究，中国的建筑史是不完全的；而没有四合院的研究，民间建筑的研究也就失去了依托。

二、四合院的历史演变

我们今天所看到的各地保存下来的四合院，并不是四合院的最初格局。就像我们古老的文字一样，四合院的发展和变化也经历了漫长的历史和岁月。它的每个时期的变化，都是当时社会、经济和文化的反映。我们悠久的历史和文化不光记载在青铜器和指南针上，四合院各个历史时期的一砖一瓦也向我们展示了我们先人创造的智慧。

（一）中国早期的四合院——西周时期四合院

我们知道，在新石器时代我国就出现了简单的地面民居建筑，可最早的四合院产生于何时，却没有明确的答案。因此我们只好借助考古发现来推测这个问题，就像要了解恐龙时代的情况只能从恐龙的化石入手一样。目前，建筑界普遍认为陕西岐山凤雏村出土的四合院遗迹是我国迄今发现最早的完整四合院，它的建筑年代是西周时期，距今已有 3000 年的历史了。

岐山凤雏村的四合院位于一处高台之上，台基南北长 43.5 米、东西宽 32.5 米、高 1.3 米，平面为宫室型，中轴线上由南至北依次为影壁、大门、前堂、后室等，东西两侧各有八间厢房相连。这组二进四合院的规模很大，前堂面阔六间，进深三间，前堂和后室之间用外廊联结，院落内用檐廊环绕。它的屋面使用了瓦，墙面和地面也非常坚硬平整，在前院的东南角还发现了用卵石和陶水管铺设的排水管道。这样完整的布局和严谨的结构，说明当时的建筑技术已经达到很高的水平。

虽然西周时期的四合院目前仅有这样一个完整的可复原的例子，并且它的性质我们现在还不能完全确定，但从中我们不难发现这个院落已经具备了四合院的最基本特征。首先，院落采用完全封闭的形式。虽然在此之前，也有过类似的院落出现，但不是屋宇环绕院落四周的，不能称之为完完全全的四合院。其次，院落采用中轴对称的布局，这是四合院规范特征的基本体现。中轴对称、前后有序，说明了当时"礼"

的思想观念对四合院的建筑已经产生了指导性的影响，西周以后成书的《考工记》、《论语》、《周官指掌》等书都对西周时期的四合院建筑格局有专门的记叙，像四合院前院的几间几室分作何用，后院厅堂如何布局等等都有详尽的描写。这种文字性的记录和总结在西周以前是没有的，说明西周时候的四合院已在理论上有了一定的指导和总结。

另外，从复原图上我们可以看到，这座西周时期的四合院细部的做法已是非常讲究，如外檐廊、穿廊的设计和排水陶管的铺设等等。特别是影壁墙的出现，说明四合院所讲究的回避、私密等非建筑功能的要求在当时已经作为建造的重要内容，也就是说，那时的四合院在满足基本的居住要求后，已在营造一种安静宁和的庭院氛围。

西周是我国奴隶社会发展的鼎盛时期，为了加强奴隶主的统治，统治阶级根据宗法分封制度，在奴隶主内部规定了严格的等级，并且相应地按等级营建城市与建筑。如天子之城方九里，公之城方七里，侯伯之城方五里，王子之城方三里；天子之城角楼高九丈、城墙高七丈，诸侯之城为七丈，王子之城为五丈等等。周代的建筑色彩也有等级规定，天子柱瓦用丹色，诸侯用黑色。除了在城市规划和建筑形制上有一些规定外，西周时期的建筑技术也很高超，并且发明了制瓦技术。因此，在此时产生规范的四合院也是历史发展的必然。

（二）发展时期的四合院——汉代四合院

西周以后就是我国历史上著名的春秋战国时期，诸侯并起，百家争鸣。各诸侯国竞相发展国力，互相攻伐，不再恪守周礼。那时的生产力发展迅猛，农业、手工业都有很大的进步，建筑技术也有巨大发展。可惜的是，居住建筑不仅典籍里不见记载，连考古发现中也没有足够的证据，我们只能推断这个时期的民居为早期四合院的延续时期。

秦统一六国后，实行了一些有益于全国统一、生产发展及社会进步的措施，但秦朝很快在农民起义中被推翻。汉代经过"文景之治"，在长期战乱中被破坏的经济得到恢复，建筑行业有了显著进步，形成我国古代建筑史上的一个繁荣期，四合院也发展得更为成熟。汉代四合院的考证完全依赖于画像砖、画像石和明器陶屋等间接资料。汉代厚葬风气盛行，葬制有以石代木的习惯，并且画像砖、画像石、明器的题材丰富，不仅有大量的神话传说、鼓乐歌舞、车马出行的内容，还有一些生活场景、住宅图案，甚至有按比例缩小的陶屋，自然其中也有我们要研究的四合院图样。这些汉代的画像石等物品多分布于河南、山东、苏北、陕北，四川等地也有大量的发现。从出土的画像石中，我们可以了解到汉代四合院的基本面貌。

汉代宅院的四合院特征更加明确。汉代以前的四合院只是众多住宅类型中的一种，而我们从汉代画像石里可以看到，汉代住宅院落的规模和形式虽然不尽相同，但几乎全都采用了四合院的布局。四合院的布局之所以在汉代如此推广，那是因为汉代为了加强统治，采取"罢黜百家、独尊儒术"的政策，强调封建宗法制度，讲究等级关系，四合院的这种布局形式符合当时统治阶级的需要。同时，自春秋时期发展起来的住宅阴阳风水学说到了汉代也愈演愈烈，严重影响到宅院的布局。四合院从选址到布局建造有着一整套阴阳五行上的说法，并且得到统治阶级的认可，形成了固定的套路。在以后长达二千多年的封建社会中，住宅院落就是以汉代的四合院为基础不断发展演变的，可以说汉代是四合院发展的关键时期。

从大量的画像石中我们还看出，汉代四合院的建筑质量大大提高了。西汉初年，由于推行休养生息的政策，被破坏的社会生产力得以恢复发展，手工业也有极大进步，特别是铁器的广泛使用，极大提高了社会的生产技术水平，漆艺、制砖技术的发展也为四合院的高质量建造提供了可能。从四川成都出土的庭院画像砖上，我们可以看到当年地主阶层的庭院情景。这是一处二进并列的四合院，左边为住宅部分，入口有栅栏门，其前院较窄，后院方正，格局已是标准的四合院形式。后院的厅堂建筑在高台之上，采用抬梁式结构，面阔三间，进深四架椽，木构架完整，房屋高大。最精彩的是右边的院落，也分前后两院，前院有水井、厨房，后院为一方形望楼，屋面形制为四阿顶，檐下斗拱柱枋搭接，其内部设有楼梯三层，整个望楼出檐深远，造型活泼有变，与左侧方正的院落、厅堂形成一种生动的对比。院落里的所有屋顶都铺瓦，房屋的梁柱构架已经非常完整。在汉代，作为中国古代木架建筑显著特点之一的斗拱已被广泛使用，并且随着木结构的进步，作为中国古代建筑特色之一的屋顶形式也多样化起来，这些都是以往四合院所没有的。据史料记载，汉代的院落内厅堂的布置也相当豪华，富家常常"文绣附墙"、"彩画丹漆"，虽然登堂入室是"席地而坐"，但屏风几案的样式都有新的发展。这些都是当时生产力发展，手工业发达的直接体现。

汉代疆域辽阔，政治统一，国力强大，交通便利，不仅开通西域，而且开辟国际商路，使商业得到空前发展。过去曾在敦煌发现过"任国亢父缣"，任国亢父即今天山东济宁一带，由此可见当时汉代商业贸易和文化交流的情况。而四合院这种居住形式随着商业贸易和文化交流，被传播到中华各地，在敦煌就发现过中原地区四合院的壁画。

（三）趋向稳定的四合院——唐、宋、元代四合院

东汉以后，中国社会又陷于动荡和战乱之中。北方的连年战争，使大量的土地荒芜，人口锐减，造成千里无人烟的惨况，城市建设与发展停滞。中原文化开始南迁，江淮流域、长江流域及闽粤一带的经济得到发展，迅速成为中国的经济文化中心。隋朝虽有过短暂的统一，但很快夭折了。但分久必合，不久，中国终于迎来封建制度的辉煌时期——唐朝。

唐朝国力空前强大，疆域更为广阔，并且继承了汉魏以来的传统文化和外来文化，创造了影响深远、辉煌灿烂的唐代文化。其建筑风格气魄宏伟，严整开朗，色调简洁明快，

朴实无华。民居建筑趋向稳定和完善，影响到两宋及元代。两宋时期，手工业和商业发达，使建筑水平达到新的高度，特别是建筑采用了古典的模数制，出现由政府颁发的建筑规范——《营造法式》，以后各个朝代的木架建筑都沿用《营造法式》制订的模数。唐、宋是我国封建经济文化发展的高潮时期，建筑技术和艺术有着巨大发展和提高，到了元代，游牧民族入主中原，使得两宋以来高度发展的经济文化遭到很大破坏，建筑发展也处于凋敝状态。

唐、宋、元朝的建筑遗留下来的很少，这是因为中国建筑多为木构架建筑，在自然界中很容易受到自然灾害的侵蚀，再加上改朝换代带来的长年战乱，使得保留下来的大型建筑很少，更不要说四合院了。所幸的是唐宋以来的绘画资料丰富，其中住宅样式也不少，为我们研究那时的四合院提供了大量生动形象的资料。

唐代四合院的形式主要是通过敦煌壁画发现的（图5）。那时的四合院多是分成前后院的二进四合院，前窄后方，这种布局显然上承两汉，下启宋元明清。院落的布局此时已经稳定，前后院是以廊庑为分界的，而廊庑中的正门已为四坡顶的形式，作用更为强调。更突出的是院落的大门，门上起

楼，为二层四坡顶，形成真正的门楼，庄重大方，比汉代院
落的栅栏大门复杂气派得多。后院中的正房也为二层，一层
为厅堂，二层围栏幔帐，规格很高，中心地位非常突出。唐
代的四合院也多有附院，与汉代附院不同的是不见望楼，多
为饲养牲畜、堆放杂物之用，附院与主院之间的围墙开窗。
院落虽为四合，但不封闭。唐风之雍容大度、豪放洒脱可见
一斑。

图 5　敦煌壁画中的唐代四合院

两宋及元代的四合院形式，多见于宋元的绘画及壁画，
如北宋王希孟的《千里江山图》，张择端的《清明上河图》，
永乐宫壁画等等。近年来北京元大都住宅遗址的考古发现，
也为我们提供了元代四合院的形象资料。从这些资料来看，
宋元的四合院已经有相当完善的格局。它仍采用前后两院的
布局形式，轴线上依次为大门、影壁、厅堂、寝室等，木构

架与唐代相比也更加完善合理，趋于实用，与宋代《营造法式》的记载相差无几。宋代四合院的细部做法也极为讲究，如宋绘画《文姬归汉图》中的四合院门楼，采用屋宇式大门，(图6) 面阔三间，中间明间宽阔，可以行车，次间稍窄，四柱落地，位于高高的台阶之上。屋顶采用悬山结构，屋面铺筒瓦，正脊两侧设有吻兽，并作侧脊，设戗兽。这种屋宇形式与后代明清门楼屋脊的做法大体一致。从类似的绘画中我们可以看到，那时的乡间普通茅舍也采用了四合院的形式。

图6　宋画《文姬归汉图》中门楼

总的来说，唐宋是我国四合院的一个稳定发展的时期，随后四合院的种种形制经过不断地完善发展，终于迎来了它的成熟完美的时期—明清时期。

（四）完美成熟的四合院——明清以来的四合院

明初采用各种发展生产的措施，社会经济得到迅速发展。当时的建筑风格虽然没有汉唐的气势宏伟、舒展开朗，但严谨稳重、清秀明朗，这种风格一直延续到清初。清朝中期以后，统治阶级日趋腐朽没落，反映在建筑上，便是显得烦琐纤巧。但就广大老百姓所居住的四合院（图7）而言，依旧保持了一种朴实自然的气息。

图7　清代江南民居

我们现在看到的四合院大多为明清时期的四合院。当时的手工业极为发达，作为四合院施工所必需的制砖、木作、营造等工序也都有专门的工匠来承担；营造技术积累了上千年的经验，并且随着封建等级制度更加完善，对四合院的形式提出更完整、更细致的要求，四合院的设计也就日趋完美。同时，明清手工业、商业的发展，使得四合院不仅是王侯贵族的居所，而且也普及性地成为一般地主乡绅、平民富户的居所。我们只要看看北京的王府、安徽歙县的民居和各地遗留下来的规模完整的门楼院落，就会深刻领会到四合院在那时已不仅仅作为一种单纯的居所、一种等级与财富的象征，而更是一种集当时众家技艺之长的艺术载体。

明清以来的封建君主专制较之以往更甚，即使在建筑形制上也制定了严格的规范来区别尊卑等级。比如明洪武二十六年（1393年）制定官员营造房屋规定：公侯门三间五架，前厅七间两厦九架，中厅七间九架，后堂七间九架；一品二品厅堂五间九架，三至五品厅堂五间七架，六至九品三间七架；品官的房舍户牖不得用丹漆。至于庶民庐舍的规定更为严格，洪武二十六定制房屋不得超过三间五架。这种对居住规模的严格规定，一方面是维护严格的封建等级制度，另一方面也是对以往住宅建筑的规范化总结。至此，四合院，特别是地处京都的四合院，开始有了一整套完善的设计与施工规范，产生了令今人所叹服的完整精美的北京四合院；也是由于这些规定，使得各个四合院的主人们在建造四合院的同时，力求在雕刻和装饰上精益求精富有特色，以体现自己的修养和身份。因此，四合院在具有统一格局的基础上又表现出不同的内涵。明洪武以后，各阶层建造宅院的规范屡有修订，这也是各地四合院具有不同风格和气象的另一个重要原因。北京的四合院多有王家之气，各地府城的四合院多有商贾富贵之气，而县城的四合院则表现出质朴、实用的特色。如果在个别乡村碰到按京城规范建的四合院，那一定是状元、进士衣锦还乡后依照京城的样式建造的，绝不是一般土财主敢擅自修建的。

明清四合院达到完美成熟的另外一个原因，是手工业在当时的空前发展，促进了建筑技术与建筑艺术的提高。在手工业方面，明朝废除了元朝手工业者的工奴身份，而采用"轮班"和"住坐"的制度，使工匠在完成官府定期的徭役以后，可以自由地进行生产劳动，极大程度地调动了工匠的积极性。这个时期一部分手工行业的成就达到了中国历史上的巅峰，如明式家具、景德镇瓷器等，四合院的建筑艺术也不例外。明朝的制砖业极为发达，现存的全国绝大部分城镇的砖制城墙都是这个时期砌造的，制砖业的发展客观上促进了四合院建造技术的提高。传统的制砖技术极为讲究，仅选土一项就要用大小筛子先后筛选，然后放澄池中沉淀后才能捞泥取土，再踩实、脱胚、烧制，烧砖所用的柴和火候也非常讲究。据临清砖窑记载，好的砖要用温火烧十五天，然后再用水洇半个月，才能出窑。烧砖一般用豆秸和松柴，再讲究些，就要用谷子中间的秸秆烧制。这样烧成的砖棱角分明，历经上百年的风雨不碱不蚀。在前几年，每当济南拆旧城老房子时，市郊的老乡早早地就赶着马车来买旧砖瓦回去盖新房，就是由于他们认为这些旧砖虽然有上百年的历史，可依然实沉、结实，是现在所烧的红砖远不能比的。

　　明清木作工艺的发达也是四合院发展成熟的一个重要的技术原因。明代木作工匠更注重"材料美、结构美、工艺美"，明式家具的选料以南洋进口的为上品，工匠对木料本身性能也有十分的把握，明代成书的《鲁班经》是我国重要的一部木作著作，上面就有建筑七架式的木构架图解，其中所用的木工工具在《天工开物》中的记载也是种类齐全，制作精良。

　　明清时期促进四合院成熟的一个社会原因，是四合院居住阶层的变化，即四合院的主人由统治阶层的官宦人家急剧扩大到一般的地主、富商。明清两代，我国曾出现了几派重要的商人，如安徽的徽商、山西的晋商，他们往往左右某种商品在一个地区的贸易。这些在外经商并大获其利的商人，一个重要的目的就是"购田置屋"。在农耕社会中，人们都相信"耕可致富，宅可荣身"，在大量购置产业的同时，一定要建造显赫的宅院来显示自己的财富，标榜自己的修养。所以在商人辈出的山西介休、祁县、太谷等地，规模浩大的四合院屡见不鲜。祁县著名的乔家大院，就是拍《大红灯笼高高挂》的那个城堡式的四合院，它的主人是清末封建资本家的代表——复盛元。复的祖辈原是开草料铺的，经商发迹后，世代因承，到了复盛元这一代成了民国初年京包线上举足轻重的巨商。乔家大院经过从乾隆年间到清末前后跨越近两个世纪的建设，形成了规模浩大的院落群，包括六个大院，十九个小院，三百多间房子。

位于安徽歙县城东的西递村，有清代民居建筑一百二十多幢，其中有许多院落为当年的"徽商"所建。层楼叠院，鳞次栉比，青瓦白墙，高大堂皇，完完全全的徽派风格。由于封建社会推崇"耕读传家"的风尚，所以商人发达后，心中总有走上仕途的祈愿，因而宅院布局及雕饰上极富文化气息。大门以平整光滑的青石料砌成高大的门坊，门坊上设布满石雕、木雕的门罩，雕花纹、人物，千姿百态，无一雷同。
布局上，每户均有一处或多处小庭院，院内布花坛、水池，
围以漏窗、矮墙，饰以石雕、砖雕，比例和谐，尺度适宜，富
丽中见典雅，质朴中见俊秀，将皖南民居的雕饰艺术体现得
淋漓尽致。

明清四合院是我国四合院艺术的高峰时期，也是现存数
量最多、最为精美的四合院，它不仅仅代表了那时的建筑风
格，也是当时社会经济文化的重要体现。

（五）变革时期的四合院——近代城市的四合院

20 世纪前后的几十年是中国社会变化最为剧烈的一个时
代，中国城市的变化尤为明显。一方面是一些原来默默无闻
的城市兴起，像北方的大连、烟台、青岛等等；另一方面就
是一些传统城市在急剧扩张，像南方的厦门、上海、九江等
等。作为中国北方民居最重要代表的四合院，此时也发生了
深刻的变化。虽然这种变化在传统的封建都城中并不明显，
但只需看看那些开埠的城市或是高墙里的一排排密密麻麻的
里弄，你就会感到四合院确实是"西风东进"了。邓云乡老
先生在他的《北京四合院》中，曾提到北京进入民国以后似

乎没有什么四合院的建设，其实那只是北京一地的事儿，因为在一个偌大的封建城市，即使多了几座带着欧化的四合院，也丝毫不会影响城市的整体面貌。可是如果沿着中国早年的通商口岸走走，就会发现那儿的里弄同老城的四合院相比几乎算是异域风光了。

近代四合院的变化不外乎两点：一是风格上变了。虽然还是四面围合的院落，仍旧有大门、照壁、正房、厢房，但已经不是原来传统四合院的味道，一切都是从简洁和实用出发了。我小时候就住在烟台广仁路的一个近代四合院中，一个胡同共有九个院落，其中四座院落是近代四合院的形式，其余五座是西式别墅。我家所住的院落据说曾是一个小资本家的产业，大约建于 1920 年左右。大门位于西厢的西北角，进门是一个照壁，南面为五间平房，北面是五间带外廊的二层楼房，一层是水泥楼梯，二层为木楼梯、木外廊，记得小时候在上面跑起来"咚咚"作响。楼房是四面坡顶，铺着水泥大瓦的形式。楼下东西为三间厢房，是平房，向着院子都是大玻璃窗户，有很宽的木窗台。二楼向外也开着大玻璃窗户，楼上楼下的东西厢房和北屋都有高高的取暖烟囱。与烟台的"釜台"不同。这种烟囱显然吸收了外来形式，檐口砖砌的叠涩整个烟囱有两米多高。整个院子是水泥抹平的，不露半点泥土，院里没有绿化，没有传统的砖石木雕刻，房子的外墙都抹着厚厚的水泥，就连二层走廊的栏杆也是机制圆形。

还有一种近代四合院的风格变化似乎更为明显，它或许可以称得上现代四合院了。这种四合院的东西厢房和南屋还算是传统的平房形式，但北屋却是一座完全独立的带地下室的二层别墅。这种独立的别墅多出现在沿海早期的开埠城市，像北方的青岛、南方的厦门都有过这种西式别墅四合院。有的还将四合院的格局调整了一下，比如四合院的南北房是普通的平房样式，而东西本是厢房的位置改作了二层别墅，更有意思的是二层别墅的檐口、屋脊采用传统的样式，尽量地模仿传统的风格，而平房的门窗却是采用宽大的西式风格，尽量吸收西式的手法。我所见到过的这种最典型的别墅四合院当属济南原齐鲁大学内的学生宿舍了。

近代四合院的另外一个变化就是材料变化。传统四合院的灰瓦灰砖和梁柱结构在近代城市建房中很少采用，那些精细的砖石雕刻更为少见。这主要是由于施工的麻烦，不利于大规模的建设，而取而代之的是大量新兴的机制材料，社会上已有了专门生产并销售这些新式材料的商号，这种带有现代管理性质的生产厂也为大规模四合院的建设提供了可能。

此外，近代四合院的细部也有变化，这种变化比较微妙，比较有趣。比如屋内顶棚采用西式阴角线的形式，或是把后窗也开成大玻璃窗，或是把北屋的前檐柱改成西式水泥柱。在烟台四马路处的一座四合院甚至在五间北屋的东间又接了一处水泥平台，从屋内设置直通室外平台的楼梯。这些一点一滴的变化也能部分反映当时的社会现象。

可以说，这个时期四合院的所有变化，是随着外来建筑的出现引起的。鸦片战争以后通商口岸城市，首先被留下深刻烙印的是那些领事馆、教堂、海关等外来西式建筑。虽然这些建筑的图纸甚至砖瓦材料都是来自境外，但施工的工匠却是我们地道的中国人。一种新的完全不同的建筑样式开始急剧地改变我们几千年的传统城市形象：拱形的窗户门洞、四面坡的屋顶出现在传统的四合院中。许多城市开埠初期的四合院几乎和城市洋房流行的风格一致，或加巴洛克式的檐口，或采用水刷石的墙面，有着明显的模仿痕迹。所以看一看当时四合院的风格，就大概知道了它的大体建造年代。比如带巴洛克檐口的四合院在北方的城市大约都是在 20 世纪初建造的。到了二三十年代以后，这种模仿的痕迹很快就消失了。在以后的四合院中，中西融合的四合院又很快分化为两种：一种四合院向着更加精细和考究的别墅型发展，供上层人士居住；而另外的一种则向着简约实用的方向发展，产生了大量供中下层人士居住的高密度型四合院，这种高密度的四合院在北方的大连、青岛等工业城市中尤为多见。

近代四合院的建造背景也是近代史上一个极有趣的现象，它多少折射出当时中西文化碰撞的一些文化现象。一是外来的建筑极力模仿传统的院落形式，像当时不少洋行甚至领事馆都采用中国传统的灰瓦大屋顶的形式。这里固然有当时施工工人技术和材料上的缘故，但很重要的一点是当时外来势力也力求尽量消除国人的抵触情绪，以便尽快地融入中国社会。另外一个方面，中国人也在不断学习西方建筑的样式，一些新兴行业的商人以及不少官员所建筑的四合院以模仿西式风格为荣。这种时尚不仅在城市中普遍流行，而且也影响到了偏远乡村。有时在一个偏远的乡村，你竟然会遇到一座完完全全西式风格的四合院，着实让人吃惊。不管屋子的主人是在外经商发财、荣归故里，还是平步青云、衣锦还乡，在七八十年前，这种完全不同于村里百年老样的新屋出现时，一定轰动了当地。无论是对它的主人还是周围乡邻来说，这绝对是一桩惊人大事。

近代四合院在四合院的发展过程中又迈出了一大步。它舍弃传统四合院中许多不合理的因素，而且改进采光通风等条件，特别是楼房四合院的出现代表了四合院最明显的进步。楼房四合院大多采用架空木地板，其上刷红漆，整个室内为之一亮。传统四合院室内所铺的方砖、条砖的防潮效果很差，特别是陈年老宅，进门后总有一种非常阴冷的感觉，而木地板保暖纳凉的效果都很好。小时候，同学家住的楼房就是木地板地，天热的时候可以在木地板上铺张席子睡觉。

老式四合院一般是不开后窗的，就是开也只是在墙的顶部开一个小小的方窗，既不采光，又不通风，而近代四合院的后窗一律采用大玻璃窗，使本来不宜居住的南屋也像北屋那样明亮。在近代四合院中，还有的采用美式提拉窗的形式，这种上下半截提拉的窗户，在美国西部电影的小镇里可以看到，窗户向上一提，主人就可露出脑袋说话。在济南的齐鲁大学，及烟台、北京等地一些与美国有关的近代四合院中，也常见这种窗户。

近代四合院有的甚至在临街的南屋开门，这样整个院落就等于有了两排北屋，很宜于居住。威海就有整条胡同都是这样的四合院，不过这种胡同都是相对封闭的。

近代四合院在当时是作为城市的一种商业住宅出现的，这与传统四合院作为私人的产业有着本质的不同。传统四合院的建造中，主人参与的成分相当多，从请风水先生相地到院落的格局，甚至到泥瓦师傅的吃喝，都要一一过问，而近代城市的四合院往往由商人成片建造，质量不很高，风格近似，但规模很大。这是由于当时城市人口急剧增长，城市规模不断扩大，社会急需一批新住宅来容纳外来人口。这样就产生了中国最早的做瓦片生意的房地产商，当年上海滩著名的大财阀犹太人哈同就是靠建造大量里弄院落发了大财。

不过近代四合院也有施工建造很精美的例子。它们的主人一般都很富有，中西方建筑风格融合得恰到好处，布局一般仍是传统的中轴对称，一些建筑细部如瓦脊、雕刻也采用严谨的传统形式，而墙体、柱式倒是西式样子，大堂入口却又为中西合璧的样子。这样的房子一是住着舒服，二是有文化氛围，是近代四合院中的精品。当年有不少大学教授的住宅都是采用这种样式，高雅而稳重。可惜这已是六十多年前的事情了。

三、四合院的差异与代表

南北四合院的差异是南北方文化的深刻反映。在建筑越来越"千房一面，千城一面"的今天，我们展示南北四合院的差异，更能看出四合院无尽变化的魅力和地方文化的丰富多彩。

（一）南北四合院的差异

从区域学的角度来鸟瞰中国文化，就会发现：中国文化的南北之异远大于东西之别。四合院是中国民居的典型代表，同样也有南北之分，一般来说可以分为南方四合院和北方四合院两大类型。

北方四合院大体分布在秦岭—淮河以北，以东北、北京、陕西（图 8）、山西等地的四合院为代表，而南方四合院则以江浙、皖南、云南、广东等地的四合院为代表。南北四合院之间的划分实际上也体现了中国南北方文化的差异。中国南北方文化的差异是个很有趣味的文化现象，它表现在语言、饮食、戏剧、工艺、建筑等不同的领域。俗话说"一方水土养一方人"，而一方人又创造出一方独特的风俗文化。就拿四合院来说，单从外观上看，北方的四合院严谨、厚重、质朴，而南方的四合院则灵活、轻盈且文雅。具体讲起来，南北四合院的差异表现在以下几个方面。

图 8　陕西民居

　　首先表现在总体布局上。北方四合院以院落为中心，分内外院，内外院以二门相连，内院由正房耳房和东西厢房组成，院落方正开敞，外院由倒座（南屋）和围墙组成，布局紧凑，这是标准的形式。如是大型四合院，则有多重院子，各进之间为过厅。这种四合院的最大特征，是东西厢房和南北屋各自分开，不连在一起，因而院落显得开阔明亮。北方的冬天是寒冷的，四合院的这种房房相离的布局，使得整个院落即使在冬天也能获得充足的阳光，显得温暖而宜人。特别是在平原地区，由于农耕生产的需要，院子里要放大车、堆柴禾、养猪、养鸡，甚至开菜地，四合院很好地适应了这种需求。越往东北，这个特点越明显。辽宁金州的王宅就是一座典型的东北近代四合院，东西厢房和正屋、倒座之间的距离很远，为了围合空间，在房屋外又套一道围墙，才形成矩形的大院落。可以设想，在冬天的日子里，搬一把椅子，静静地坐在北屋外檐下，眯着眼睛，看着宽敞的院子，让暖暖的阳光照着你，浑身上下热乎乎的，那将是何等的舒服。故此，北方院落给人的感觉是开敞、明亮和温暖。

　　而南方四合院以天井为中心，东西厢房和南北屋连成一片，并且多楼房，净高较大，而院落狭小。建筑纵深为若干进，每进有天井或庭院，但很浅，厢房也很浅或没有，各进房屋一般为三间。天井在南方四合院中起了采光通风的作用，天井高深，则风产生的吸力强，通风量大，同时也避免了夏天炎炎烈日的暴晒。南方夏天的阳光是很毒的，但在天井中，我们感受到的却是阵阵凉意。单从"天井"两字的字面意思，我们就可想象它的大小了。在苏南、浙江、皖南的住宅，常于建筑与垣墙之间留一间隙，其宽不过一米。在这样四周封闭的院落中看天，很容易让人联想到井中望天。南方天井虽不及北方院落敞亮，但其叠石引水，植藤种竹，自成一番田园景致。南方的四合院给人的感觉便是幽静、清爽和雅致。

南北四合院在布局手法上也不尽相同。北方四合院一定讲究严格的中轴对称，前后有序。规规矩矩的北京四合院自不必说了，就是在山区、丘陵地区建房，为了格局的完整，即使工程浩大也在所不惜。陕西米脂县姜耀祖建于清末的庄园，就是在陡峭的黄土崖上开设的三进窑洞四合院，从崖下的堡门到岽顶的四合院竟有 18 米高，通过挖崖、垒土、砌墙才形成这样规整的院落，其工程浩大，消耗的人力、物力就不必说了。另外，在北方的山区也常常遇到这样的例子：层层的石头垒到崖顶只是为了围合一个规矩的小院落，而院中的房子却是用土坯、碎石垒成的。显而易见，这样砌成院落格局所费的工是盖房子的数倍！这现象实在让人慨叹，传统的力量在北方人的眼里就是那样的根深蒂固。

相比之下，以天井为中心的南方四合院的布局就灵活得多了。南方四合院一般以一个大的天井为中心，然后再由几个小天井自然组合形成院落，并不一定讲求中轴对称和布局严谨。浙江绍兴的三味书屋，也就是鲁迅的先生寿镜吾的私宅，从河边的码头到寿宅的内院共有三进窄窄的天井，天井东侧为寿家私宅，西边是三味书屋和花园。天井内青石铺地，花园内种竹植梅，院前小桥流水，院内回廊曲折，整个院落显得活泼而亲切。

南北四合院这种布局上的差异，不仅体现了南北方地理气候方面的差异，更表现了南北方人性格上的不同。北方人爽直大气，保守趋同，恪守祖训，接受了几千年的儒家文化的熏陶；而南方人心思机敏，灵活求异，善于变通。中国自古以来，似乎就有这个有趣的现象，这个现象客观上也影响了南北四合院的建筑形式。

南北四合院另外一个不同之处就是细部处理的不同。北方四合院的大门、檐口、照壁及门窗栏杆、挂罩隔扇的雕饰远不及南方四合院精彩。北方四合院除北京四合院的石雕和山西四合院的砖木雕之外，其他地区的四合院很少有以雕饰著称的。北京四周产石，历代工匠艺人也不缺，再加上大户人家的财力雄厚，所以四合院的石雕较为讲究，凡是规模稍大一点的北京四合院，门楼多是雕对小狮子或抱鼓石。而山西历史悠久，文化底蕴深厚，并且很少受战乱的侵扰，所以也比较注意四合院的装饰，其雕饰非常精美。山西地处黄土高原，土多石少，因而雕饰又以砖雕和木雕取胜，少石雕。

纵观北方四合院，虽不乏精美恢宏之作，但很少是以砖、木、石三雕并举的。相比之下，南方四合院的砖、木、石雕就精彩多了。徽州民居素以砖、木、石雕并举著称于世，不仅数量众多，而且体裁广泛，手法高超，是北方任何一个地区的民居所不能比的。在北京潘家园的古玩市场常常可以见到卖南方建筑构件的，这些构件来自江南各地民房，是当地镇上拆老房子剩下的，用集装箱运来北京。既有檐下的雀替、挂罩，又有隔扇的裙板、花心，件件都是红漆描金的，内容多是传统戏剧、神话故事，用的是透雕浮雕的手法。每件仅卖十元左右，这样精美的木雕在北方是绝对见不到的。而在北京琉璃厂的古玩店，同样的木雕被精明的店主嵌上木框挂了起来，每件要价几百元。过去江南各地大量的民居都是用上百块甚至上千块这样的构件装饰而成，江南四合院的精美，由此可见一斑。

南北方四合院主人的身份也是个很有意思的话题。一般说来，北人务农，南人重商。比如北方四合院，它除了在京都大邑为达官贵人所有外，乡间县城稍大一点的四合院多为地主、富农所有。他们一般信奉"七十二行，庄稼为王"的祖训，因而固守土地、崇尚节俭，所以建房以坚固牢靠为上，并不多施装饰，而把有限的资金多用于置地购田。像山东栖霞的牟氏庄园，其鼎盛时期占有全县土地的一半以上，但地主牟二黑的一日三餐也不过是粗茶淡饭，所住的五间北屋与普通人家的北屋并无多大的区别。曾经有"北方尽是土财主"的说法，一是说财主依靠土地维系自己的地位，二是说财主的生活很土气。而南方人历来以重商著称，特别是在明清以后，许多村邑居民，十之七八皆以商贾为生。那些在外经商发财的富商巨贾，为了炫耀财富和显示门庭，多在老家修建祠堂、牌坊，建宅置园。江南一带的山泉林木也吸引了不少文人墨客置园购宅，像江南的苏杭一带，历来文人荟萃，所以江南四合院主人的身份远比北方四合院主人的身份复杂。

但是由于封建宗法制度对民间建筑的严格限制，民间建筑不得超过"三间五架"，所以即使是豪门巨户也不敢在建设规模上越雷池半步，而只能把相当多的资金、精力投到建筑细节的装饰上，雕梁画栋，施金抹银，不遗余力尽施工巧；而文人墨客的宅院更讲究院落的景致和装修的精巧，一砖一瓦力求体现文人的儒雅风范。此风弥久，一般人家也竞相模仿，便形成南方四合院的风范。这点让我们看一下南方任何一处四合院就会得到很好的印证。南方四合院的天井局促幽暗，不似北方四合院开阔明亮以气势取胜，它是以雕梁画栋的精致取胜。其门罩的砖雕以及围绕天井的上、下堂和厢房的隔扇、柱梁、栏板上的木雕都细腻繁复，玲珑剔透，有的还运用了透雕的技法，从近景到远景层层镂空，前后透视，可谓巧夺天工。从中我们可以看出南方民居的建筑装饰以多种材料的雕饰为主，包括砖雕、木雕、竹雕、石雕等。雕饰图案的取材也多种多样，有神话故事、戏剧故事、民间风俗及养猪、担水、推磨等劳动场面，还有儿童游戏、游艺表演、耍灯舞狮等欢庆画面，另有花鸟鱼虫、琴棋书画等图案。这些雕饰做工精美、惟妙惟肖，不仅应用于建筑，而且被作为摆设用的观赏品。而北方民居与南方民居相比就显得简朴大气，没有过多的烦琐装饰。比如上面提到的山东牟氏庄园，它是北方最大的地主庄园，占地共 2 万多平方米，六组院落都为三五进的四合院，整个院落极少雕饰，唯一精彩的是大门口的一对抱鼓石，雕有"麒麟送子"、"姜太公钓鱼"等图案。

江南四合院精美的雕饰不是孤立的，它是与江南的造园、盆景、绘画、篆刻等其它艺术门类有着密切的联系，它们的风格也是一脉相承互相影响的，而且民间艺人往往将其技艺代代相传，对江南民居的装饰起了极大的促进作用。而北方四合院注重实用的雕饰，工匠也多是本村本乡的"兼职"艺人，农忙时务农，农闲时帮忙。所以，北方四合院的雕饰多有质朴、率真、粗糙的一面。也正是因为雕饰手法的牵强，才使得北方民间艺术的其他门类被广泛运用到院落装饰，并得到兴盛发展，像剪纸、门笺、年画等。这在以后的章节里，我们再做专门的介绍。

在结构上，南方与北方的四合院也完全是两种不同的体系。北方四合院在结构上属抬梁式。简单地说就是屋基上立柱，柱上架梁，梁的两端承檩。举例说：一间屋子前后共四根柱，两架梁，如果建三开间的屋，就在一间的左右再各竖两根柱，支上两架梁，这样就构成了三开间的屋架，也就是平常老百姓所说的"四梁八柱"。我刚开始做四合院调查的时候就听老乡讲:"俺这房子是'四梁八柱'的。"初不解其意,后来才知道这是老乡在夸自己房子好,是旧式全木头结构的。屋架架好后,在其上铺椽子、搭望板,再铺瓦,屋面就铺好了。柱子之间的墙体或砖砌或坯垒各地手法不一,但都很厚实,是出于一种完完全全的保暖需要。这种抬梁式房子的开间与进深都不大,主要是受木料所限。当然,故宫里的房子也是同样结构,却又高又大的,那没办法,谁让人家是皇上老子,光一棵楠木从云贵高原的深山老林采伐运到北京就得花上万两银子,数年的时间,老百姓哪有这样的气派。北方老百姓的房子空间虽不大,与之相比,却透着舒服,温暖亲切,充满了生活的气息。老百姓的房子最符合生活的需要和自然的法则,这正是民居所表现出的可爱质朴的一面。

南方四合院采用穿斗式的结构,完全不同于北方的"四梁八柱"式构架。其特点是由柱距较密的柱子直接承檩条,柱间不施梁而是以穿枋(横木)联系。柱与穿枋连成网格状的一个整体,这样可以随着纵向柱子的增多而使房间的进深增加,不受木材大小的制约。因而在江南可以看到很多开阔深远的厅堂,如江南四合院中常见的门厅、轿厅、花厅。我们仅从一个"厅"字上就可知这房子的进深有多少。现在有的江南小镇的小旅店就是用原来院落的大厅改造的，原大厅沿进深方向隔成三小间客房和一个小厅后并不觉得房间狭小，江南厅堂的进深之大可想而知。由于江南四合院穿斗式木架结构具有牢固性和稳定性，而且墙体维护简单，所以很适合建成两层楼房，使得北方四合院中很少见的楼房在南方却随处可见，这也是南北方四合院的一个主要差别。

为了适应不同的气候条件，南北四合院都采用与各自结构相适应的处理手法。一般来说，北方墙厚、屋顶厚，争到日照，院落宽敞而室内空间小；南方屋檐深挑、天井狭小，室内空间高敞，门窗高大，以利通风而蔽日照。一个开放，一个封闭，两者迥然不同。北方四合院冬季采用火炕取暖，会客、吃饭、家务等许多活动都在炕头上进行，烧火做饭的炉灶也与火炕联系在一起。这种生活、起居上的需要，也相应地产生了北方独特的室内布局。而南方的灶间是单独设立的，厨房规模很大，也很讲究，火灶的余温不是为了取暖，因此南方的室内布局与北方截然不同。北方人以炕作为生活起居的主要场所，南方人则以厅作为日常生活的活动中心。

同时，我国南北方自然环境的不同，也决定了南北四合院不同的外部色调。南方四合院多为粉墙灰瓦，与山清水秀、四季常绿的水乡风光十分和谐。北方四合院则体现建筑材料的本色。如黄土高原的院落是土色的外墙，山区的院落则是当地的石质外墙。为了打破与环境融为一体的沉闷，北方民居的门窗与柱子多采用深色或鲜艳的色彩，效果凝重而热烈。

当然，以上所述都是南北四合院笼统上的差异，具体到某一地区的某一单独的四合院，差异就会更多更明显。在下面的章节中，我们将单独分析南北方等不同区域四合院中最有代表性的例子。

（二）北方四合院的代表——北京四合院

北京四合院的名气实在太大了，以至于一提起四合院这几个字，不管在南方北方，人们自然都想起北京的四合院。这不奇怪，从曹雪芹的《红楼梦》到老舍的《四世同堂》、《茶馆》，人们都可以看到北京四合院的影子，即便是不懂建筑的人也可以从中领略到它的韵味。前几年《四世同堂》和《皇城根儿》等电视剧的播出，更形象地再现了北京四合院的风采。如果说故宫、颐和园所构成的是京派皇家文化的话，那么北京的四合院所代表的却是地地道道的京味市民文化，给人的感觉是亲切风趣。正是这大俗大雅的京派京味文化才构成了北京这座文化古都的无尽魅力。在很多人看来，四合院已不再只是孤立的民居建筑，它同北京的胡同、幽默的京腔、悠闲的遛鸟、风趣的侃大山联系在一起，形成了独具特色的京味文化。

前几年徐勇等人拍摄的《北京胡同》、《北京四合院》等黑白照片一经问世，那些沉着、隽永的黑白照片所散发出来的悠久的历史韵味和普通的生活气息，让人们不能不再次回望过去的生活场景，平和了人们浮躁功利的心态。一时间，北京四合院的照片被印成多种挂历、明信片，成了人们议论的焦点。

北京四合院的类型极为丰富，北方任何一个城市都难与之相提并论。昔日的北京既有规模浩大的王府，格局严整的富商巨贾宅第，也有平民百姓的寒舍。王府宅院占地数十亩，房屋几百间，七八进的院子，还多带花园，那种帝王之气只有北京才有。如恭王府就是现在的中国艺术研究院，进门后要穿过大大小小的许多院落后才到后院，而这些院落中的每一个院落，无论布局还是雕刻，都耗尽心思，巧夺天工。恭王府的后院是一长溜罩楼，楼的形式在北方本来就很少见，就是有也顶多是三五间的绣楼或闺楼，而这种东西厢楼和后

罩楼相连的规模确实让人惊叹。也许正因为受这些宏大四合
院的影响，北京的那些普通的四合院也透出一种威严、庄重
的帝王之气。如果把北京、济南两地的门楼做一个比较，就
普通人家的门楼来讲，北京四合院的门楼风格厚实、严谨、
威严，连门楼上的瓦脊也为龙的纹样，而济南的门楼就质朴
得多，而且少装饰。

当然，北京四合院最常见的类型还是那种三进的四合院。
这种三进四合院在许多有关四合院的书中都提到过，它几乎
成了北京四合院的典范。这种三进四合院的大门一般位于东
南角，门楼极为讲究。进了大门，迎面是精美的照壁，然后
左拐，就进了前院，前院一般有房五间，前院与后院之间由
垂花门相连，这是北京四合院装饰的重点部位（图9）。后院有

图 9　北京四合院院落

正房和东西厢房，院子里多种石榴树，上挂鸟笼，下设鱼缸，五间正房多位于石阶之上，三间两耳，也就是中间三间高大，东西两间耳房矮小，正房后还有一个小后院。这是老北京最普通的院落布置，对北方其它地区的院落影响很大，像河北、山东、山西等地的四合院，都是受了北京四合院的影响。

北京四合院的另外一个特点就是数量之多令人惊叹，以至于有人形容北京四合院像海洋一样。现在从北京东城西城的一些高层建筑上俯瞰，还能望见那一片片的四合院。过去北京的四合院数量那更是惊人了，50年代曾统计当时北京共有四合院1700多万平方米，这样大的规模也只有北京才能具备。

北京四合院很大程度上与它所孕育的文化有着密切的关系。北京是历代文人向往的地方，它的悠久的历史文化，吸引了不少名人在此居住，留下许多名人故宅与一些浪漫故事。仅近代在北京居住的知名文人就有梁实秋、林语堂、鲁迅、胡适、老舍、冰心、郭沫若等等，不下百人。几乎所有近代名人都在北京留下了他们的足迹。目前北京光挂牌的名人故居就有近百座。这是中国任何一个城市所不能比的，北京四合院也因此备受瞩目。

（三）南方四合院的代表——江浙四合院

如果你坐火车沿京沪线南行，过了南京，窗外就是一片明媚的江南风光了。满眼是绿色的水田和池塘，还有散落在田野中的两层楼房，这便是江南现在的民居。虽然这些新建的民居已经不是原来的味道，但我们从中还能看出它与北方民居的不同。首先它们都是楼房，布局虽然大大简化了，但也留下了不少四合院的痕迹。它的外墙一般不做修饰，屋顶采用地道的小灰瓦形式，并且一定要做成花脊，这与北方的大红瓦形成明显的对照。偶然我们也可透过车窗看到几座一晃而过的老房子（图10），但要真正探求江南民居的韵味，还得到

图10　江南四合院的水巷

苏、锡、杭、绍这些江南老城去寻找那些老城区里仅存的老房子，或干脆换汽车到这些城市周围的小镇，像周庄、同里、用直、南浔、塘栖等等地方，因为在这些小镇里还保留了许多古老的街道、老屋。如果你去的时候正是傍晚，那晚霞笼罩下的静谧的百年老屋会轻轻拨动你的心弦，使你忘却都市的喧嚣，回到久远的过去。这时你会发现这些老屋蕴含着一种与北京四合院截然不同的神韵——阴柔而灵动，充分代表了南方四合院的特质。

江浙地区的民居建筑，无论布局、选材、做工都非常讲究。它的基本布局是以天井为中心围合院落，也就是所谓的"四水归堂"，喻财源不外流的意思。大户人家多有四五进院落。如苏州现存的唯一私家园林残粒园。残粒园在过去是非常典型的江浙四合院的样式，整个建筑群分东、西、中三路。中路沿中轴线安排主要的建筑，依次为门厅、轿厅、大厅、女厅、客厅、后楼等前后共六进院落，厅与厅之间由不大的天井相接。仆人住在门厅，临街兼开裁缝铺等以补贴家用。轿厅为轿夫休息和停放轿子的地方。大厅没有太多的用处，多作为休闲纳凉及招待一些不紧要客人的场所。最有趣的是女厅，如果有女眷来访，是不能往后请入正堂的，只能在女厅小坐。女厅后面才是主人正式接客的所在，也是整个院落的精华部分。院子全用石板铺成，院墙高大，门楼上的石雕与门窗的木雕巧夺天工、精美细致。再往后便是主人居住的后楼。东路类似于北方四合院中的跨院，布置有船厅（因其狭长似船得名）和一些辅助用房。西路就是赫赫有名的残粒园，园子虽小，但古树参天，假山叠沓，水面曲折，依亭而望，顿发幽思。这么典型优美的院落在江浙以外的其它地方是不多见的，可在苏州仅这种四五进的大户宅院50年代以前就有一千多座，其中二百七十多座还是带私家花园的。

残粒园为大户人家院落的布局形式，一般人家很少有这样的气派。江南水乡水网纵横，巷子很窄，由于没有观赏距离，建门楼只能碍事，再加上江南四合院讲究含蓄，其装饰多用在院子的内部，所以普通院子很少有高大的门楼。江南小镇的普通百姓家一般沿街设置门厅店铺，门厅后面是小小的天井，天井两侧多为东西厢房，厢房开间窄小且有的为单层，后面才是住人的二层楼房。一层明间为堂屋，左右为卧室，堂屋一般带前廊，可以纳凉休闲，面向天井一面全是落地的格扇门窗，上面多有精美的雕刻，屋内铺方形大砖。二层向天井的一面也全部开窗，中间八扇，次间六扇，窗框为黑色，与灰瓦呼应，衬托着粉墙，显得朴素而雅致。过去，众多这样的江南小宅院组成了一个个江南小镇，形式活泼、造型清秀、装饰精美的小宅院与小桥流水的自然环境构成了如诗如画的江南人间胜景。在江南的水乡一带，这样的小镇可以举上一串儿，像周庄、南浔、同里……浙江的海盐城也是其中的一个。海盐内城中有条古老的南塘巷，巷子沿河的一侧是江南典型的枕流民居，而另一侧是一座座天井式的深宅大院，院子还是当年的格局规模，甚至于屋里的家具还留有明式家具的风范，加上巷子里古老的青石板路，河巷上明清留下的石拱桥，整个南塘巷像一幅朦胧的水彩画，向世人讲述着一个古老悠长的故事……

在江南的乡村，还有一种一进的小四合院。院落是典型的农家布局，大门位于院子的中轴线上，一般也不做门楼，进门是廊屋，多放些农具、柴草等杂物。院子正屋也是一明两暗中间敞口厅，用于吃饭待客，两侧是卧室，而厨房位于厢房，明亮宽敞。讲究的是小院的细部，像门窗雕刻、瓦脊的砖雕，都做得精美细致。从外观上看，这种江南的小四合院也是四水归堂的格局，十分简洁明快，它的风格也是粉墙灰瓦，在四季常青的田野中，显得那么清新亮丽。

江南四合院历史悠久，形式多样，内部装饰充满了无尽的变化，凝聚了深厚的文化积淀。那些古老的宅院和优美的江南小镇滋养了历代无数的文人墨客，他们为我们的文化艺术留下了无尽的财富。

（四）集南北大成的济南四合院

谈起济南的四合院，人们就很容易地联想起北京的四合院，因为这两处的四合院都是标准的方方正正的北方四合院布局。人们始终都认为北京的四合院才是真正的四合院，济南四合院好像没有什么特点，顶多跟北京的差不多吧。这也怨不着他们，他们大都没有在旧城住过，也很少到旧城里走走，他们印象中的济南是大明湖、千佛山和趵突泉，自然不会去仔细看看那老城的四合院，所以才那样说。如果让一个在旧城中生活了一辈子的老人讲济南的四合院，他会动情地告诉你，早些年，院子里水多的时候可真好，走在胡同里石板底下全都是泉水，夏天晚上你躺下了，还听得见院里石板下泉水哗哗地流啊流。你想想看北方哪个城市有这样的景致。济南的四合院和泉水有着密切的联系，是柔性的，有着江南民居的风韵（图11）。过去有大大小小十几个这样的水巷，推

图 11　济南民居胡同

开四合院的侧门，拾级而下就是水渠了，可以洗菜淘米、濯水洗衣，直到 50 年代中期这些水巷的水还能饮用呢。北京四合院是挑水吃的，过去北京还有专门送水的行当。我们在电影《城南旧事》中就看到过这样的镜头：一个胡同共用一个甜水井，有钱的人家雇人挑水。而在济南却不用了，过去的四合院几乎全都有水井，甜甜的泉水，弯下腰就可以舀起来喝的，大一点的四合院最多有三口泉井，水质甘甜，现在的老人们忆起来还赞叹不已。济南有闻名天下的七十二泉，其中有不少名泉就散落在这些四合院中。大一点的院子还修有赏泉的亭子，亭子底下就是四季不断的涌泉。北方哪个城市的院子有这样的景致，北京没有，其它地方更没有，只有济南才会有这样的院子、这样的亭子。江南的四合院也有水，也有亭子，但江南四合院的院子哪有济南这样的敞亮开朗，院子里哪有这样火红的石榴，这样枝叶茂盛、盘根错节的葡萄架。南方的四合院是被称作天井的。济南的四合院既是南方的，又是北方的；既有南方的柔和，又有着北方的刚毅。

济南四合院的柔和与泉水有着密切的联系，而它的刚毅又和石头是分不开的。济南的南部为山区，产青石和灰石，石质细腻而坚固，所以济南四合院离不开石头。别处的四合院大都是砖砌的，只有在边角的地方才用石头，连北京的四合院也只有门楼的抱鼓石才用石头，可济南的四合院必定都用石，墙基是石头的，房子是石头的，门楼用门枕石、挑檐石，连门边的角柱石也是大大方方、棱角分明的。有的整个门楼，整个墙面都用石砌，这样的气魄北方还有哪个城市有呢？

济南的四合院一般是二进院落，是北方四合院的常见格局，院子的大门位于东南角，也是北方标准的布局。所不同的是，它的门楼高大而秀气，你看那门楼的瓦脊（图12）高高地翘起，像月牙一样的灵巧，这可与北方一向厚重的风格是不同的。济南的门楼多石刻，门枕石、门柱石上都有，石刻的内容也很丰富，手法多样。北京四合院的门楼虽有石雕，但大多是抱鼓石，类型没有济南的丰富。山东其他地方的院子虽不乏石做的门楼，却没有这么精美的雕刻。你看济南的门楼，什么渔樵耕读、天官出行……这些石雕是那么自由潇洒，又那么富有人情味。过去，济南居民的大门多是黑色的，庄重而厚实，大门的两边用红漆勾边，特别的提神。大门上的对联是刻上的，再描上红漆，什么"四面荷花三面柳，一城山色半城湖"，"明月松间照，清泉石上流"等等，多是描写湖光山色的，幽雅的书香中又透着泉城的清爽与灵气。进

图12 济南民居的瓦脊

了大门，就是影壁了，这也是北方四合院最常见的布局手法，可你见过这么精美灵细的影壁吗？不光用砖雕石刻，而是用瓦砌，那些用灰瓦砌成的纹样有钱纹、辘轳纹、水纹等等。这些只有江南民居才有的全搬到济南民居影壁上了，那弯弯的优美的花瓦脊，更是仿佛透着被泉水滋润过的灵气。影壁前左拐进了前院。前院窄窄的，这又是北方四合院的特点，从前院进入后院必过一个门楼，这格局也是典型的北方四合院的形制。不过，这门楼不是北京的垂花门，也非普通城市简朴的二门，这门楼在济南四合院被称为"虎座门"，虽没有华丽的垂花，但方正威严，又不失精美细致。虎座门的后面是四扇屏门，四扇的红漆门板中间有雕花，这门素日并不打开。穿过虎座门我们才进入了四合院的正院，正院是宽敞的，铺着大块青石板，那气魄，就是北京四合院也是没法比的。院子的北边一溜是五间大北屋，但不是北京那种三间两耳的形式。济南四合院北屋的耳房一点也不少，甚至西耳房还要高大些，建成二层。因为这房子通常住着家中老人，老人住北屋正屋，这也是规矩。如果已是四世同堂，老人不仅要住北屋，而且还要住最上房的北屋，这是没得说的。山东是齐鲁文化之邦，济南又是儒家文化的中心，长幼尊卑关系的体现得比其它地方更为深刻。北屋并不是五间通脊的，西边瓦脊最高，中间三间通脊，弯弯的柔和的曲线，却是江南风格。本来后院是方正的北方格局，却在瓦脊稍稍的一变，点缀出了济南四合院的特色。

济南是过去的府城，所以大大小小的四合院都有，大的三四进的四合院多集中在旧城东关大街、鞭指巷等几条著名的街道，而二进的小四合院多分布于旧城的各处。济南明初建过王府，王府现在虽然不在了，但至今还留存王府池子、小王府街等名称，这些又是其他地方四合院所没有的。济南四合院类型之多，光通过沿街门楼的形式就能表现出来，什么六柱大门、四柱大门等等，每种门楼的变化又不一样。

讲了济南的四合院，还应讲讲济南的小街小巷小胡同。这些街巷胡同是同四合院连在一起的。北方的城市胡同很少有石板铺路，更何况是三尺长的大青石板。这种大的青石板路只有江南的小镇才有的，而济南是清一色的石板铺地，每条巷子都有，没办法呀，过去济南的泉水太多了，石头缝里都向外流。如果你不信，看看过去街巷的名称你就知道了。济南旧城延续下来的街巷名称，除了传统城市常有的东关大街、竹竿巷、估衣市街等等，还有许多与泉水有关的胡同，像平泉胡同、汇泉寺街、大板桥街等等，光水胡同就有三四条之多。这么多与水有关的巷子胡同，也是北方任何一个城市所无法相比的。水巷大多是弯弯曲曲的，随着水流而布置，而水巷两侧的四合院呢，也随着水巷自由地分布。这样自由的布局，也只有江南的水巷才能找到。

上面大体介绍了济南四合院的特点。我并不是想夸奖济南四合院如何如何好，只是想说明它是极有风格的，和北京的四合院比它是南方的，和南方的四合院相比它又是北方的。这也是我们研究地方四合院的乐趣。至于它究竟是否真的有北京的四合院好，你不妨抽一天的时候去老城区走走、看看，相信你会有收获的。

四、四合院的建筑艺术

　　四合院之所以有这么多说不完道不尽的故事，关键是它有许多自身特有的魅力，是中国人民几千年智慧的结晶，也反映着中国社会特有的封建家庭组织和伦理道德，成为中国古建筑艺术的一个独立分支。我们不妨再从四合院的外部建筑说起，细细欣赏一下四合院的引人之处。

（一）威严高大的大门

　　尚未进入四合院，首先看到的就是它的大门，北方老百姓常称之为"门楼"。北方建筑很少有楼，门楼是四合院中唯一被称为"楼"的地方（图13），其地位就可想而知了。大门在北方的四合院中规格最高，装饰也最精美，其地位仅次于院子中的正房，是院子主人身份的象征。过去娶亲嫁人讲究"门当户对"，并不是瞧瞧两家的大门是否一样，而是说如果两家大门标准相同，那么两家的社会地位和经济条件就差不多，这样才般配，过去是很讲究这个的。所以，四合院的大门有一定的规格，不能乱盖，要和四合院的规格相称。像北方四合院就有王府大门、广亮大门、金柱大门、如意门等等，等级分明。

图 13　北京四合院大门

　　既然大门是主人的门面，自然要修得气派，足以体现主人的身份。北方四合院最气派的要数王府的大门了，这种大门称为屋宇式大门，一溜儿五间，三间开门，门扇上钉有像皇宫门上的金钉，屋檐上覆琉璃瓦，老远一看气势非凡，再加上门口两旁的两只张牙舞爪的石狮，那威严不可一世。这种屋宇式大门是地位高贵的象征。在较含蓄的南方也有这样气派的大门，如明朝一位户部尚书在苏州的故宅，也是气派的屋宇式三开间大门。不过，由于北京的皇亲国戚最多，这样的大门也多集中在北京，南方等地比较少见。而就一般的官吏、豪绅而言，即使有钱也不能修建这样的大门，他们只能修建一间大小的门楼，像广亮大门、金柱大门等。所以，他们只有将大门修得越来越高大、威严，来体现自己的钱财和身份。有一次下乡去山东济阳调查民居，听当地老乡讲，他们那里有个叫陈家楼子的村子，有家地主的房子很气派。本以为真的有楼房呢，赶到那儿才发现不过是一处规模很大的庄院，并没有什么楼房，只不过是门楼很大，在那黄河滩上的平原地区十分显眼，倒颇有点儿楼房的感觉，因此那儿的人把村名定为陈家楼子，在方圆百八十里很有名。看来，这姓陈的财主修门楼的目的也达到了。(图 14)

图 14　乡村四合院大门

　　大门既然是整个院子的门面，又是主人身份的象征，主人在修建四合院时自然不遗余力地对其进行装修，以显示自己的财富及修养，所以门楼也成为整个院落装饰最为丰富的地方。单说雕刻吧，以北方稍大一点四合院的门楼为例，就采用了砖雕、石雕、木雕等多种手法。如果从上而下分析一个门楼的雕刻内容，就不难看出它的装饰手法之丰富了。门楼屋顶上的瓦脊大多是砖雕的形式，内容各地不一。各种图案，不是砖雕，便是瓦砌。瓦脊下面是瓦当滴水，其样式各地也不一样，龙纹、兽面、蝴蝶、"寿"字、"福"字等等，都是各地常用的图案。这是门楼的顶部，以砖瓦雕刻为主。门楼的墙身，从立面看首先是两边的墀头，墀头其实是一块方砖，是门楼雕饰的中心，也是工匠大显身手的地方，因为人们经过门楼一抬脸看到的就是这儿。北京有这样一块墀头砖雕，中间是一棵枝叶茂盛、繁花盛开的梅树，梅树上栖着两只喜鹊，一上一下，相视呢喃，上面的一只喜鹊像是刚刚落下，翅膀还没有收回，身子前倾，像是还没有落稳，而下面的另一只像展翅欲飞的样子，张开的翅膀正好形成一个三角形，适应了方砖的一角。这幅"喜鹊登梅"构图饱满、动静结合，疏密有致，层次分明，简直刻画活了。墀头砖雕的内容大多是喜鹊登梅、五蝠捧寿、文房四宝等等，题材虽说差不多，但各地的形式和风格却不同，其装饰手法与各地的民间艺术有着密切的联系。就门楼墀头而言，以北京为最好，数量多，雕饰精美。

过去并不是每个门楼都讲究墀头上的雕刻，但一般每个门楼都讲究下面的门枕石。门枕石是垫着门框、连着墙身和门槛的方石，别看不大，却是整个门楼重要的部件。所以，门枕石是门楼装饰的又一处重点。

门枕石的形式不太一样，讲究的大门楼的门枕石做成石鼓形，称为抱鼓石。鼓面在门槛外面，后面的小方石卡住门槛，结构十分合理。抱鼓石的鼓面常常被雕琢成各种图案，最精美的是人物图案,伯牙弹琴、长亭送别、渔樵耕读等等,有的是戏曲故事,有的是人物传说。特别是山西四合院的门楼,由于山西人酷爱戏剧的缘故,所以山西门枕石雕刻的人物图案特别多。这样的情况在其它地区是非常少见的,即使北京的门楼也无法与之相比。人物图案是门枕石雕刻中的精品,但大多数的门枕石是雕刻动物、花卉等吉祥图案。门枕石雕刻的手法虽不一,图案的造型与各地的风格却大体一致。瑞兽祥鸟图案的门枕石以北京门楼为最好,刀法简练、形象生动,是门楼石雕中的上品。而最简单的抱枕石是素面,没有什么雕刻,仅在表面上装饰了几条线条,这种门枕石是最多见的一种。

上面讲的是大门的砖石雕刻,在门楼的门板、门框和柱子上也缺少不了木雕。虽然木雕在整个门楼中并不太讲究,其位置却相当重要。大门的木雕一是集中在门楼的前檐柱的挂罩上,老百姓称之为"挂花";还有就是在大门上的门簪和余塞板上的刻花。挂罩的结构是轻盈通透的,大多采用植物的连续纹样,如行云流水一般,而门框的门簪却是规整的六边形或梅花形,雕刻得十分精美,既是连接件又是装饰品,喜庆的日子还贴一个"福"字。有时人们也常问,这些老房子到底好在哪里，能引起你们这么多的关注和热爱？仅从门楼的装饰上，我们就不难有一个明确的答案。这些门楼不仅仅是一个院子的入口、大门，它还寄予了人们对美好生活的期望，这期望包含了民族许多古老的生活情趣和感情风俗。这些正是现代方盒子建筑所无法比拟的。

大门是整个院落的入口，每天人来人往，其结构自然也就要特别的坚固。像北方的屋宇式大门，结构与南屋一样，也是两面坡的硬山形式，但它的高度大多高于两侧的倒座或是南屋，而且大门的墙体也很厚重。大门一般要修在高高的台阶上，台阶是整块的石条砌成，特别是它的角石，一定要是一块方正的石头。即使在不产石头的平原地区，大户人家也要想尽办法采用这样的角石，角石之上是三四层砖砌的腰线，上面再用砖对缝砌上墙身。门楼的墙身和门框、屋架是连在一起的，而细部的门枕石、角柱石也巧妙地穿插在一起。如果关上大门，放下门槛，装上门栓，整个大门就像一堵墙，坚固结实，牢守着宅院的安宁。

门楼不仅自身结构完整，门板的木作也极为讲究和坚固。四合院的门板按门楼的规模可分为几个等级，最坚固的是实榻门。这是用厚木板拼装起来的实心大门，门上按金钉，这种大门在过去只有王府一级的宅院才敢用。而大户人家的宅院一般是用攒边门，即老百姓说的棋盘门，中间为门板，四周带框边。这种攒边门最实用，并且规格也很多。过去造门也很有讲究，比如春不开东门，夏不开南门，秋不修西门，冬不造北门等等，而且在尺寸上也有"财门"、"官禄门"之别。北方普通人家一般用撒带门，就是用穿带和门边把门板钉在一起的板门，它的四周不带门框，所以叫撒带门。撒带门看似简单，却不用一颗钉子，全靠榫卯结构穿插在一起，门板平整、坚固。过去有专门做大门的木匠，和做家具的木匠不同，他们专靠做门窗的手艺吃饭。所以，过去大门一旦做成了都很结实，用上几十年甚至上百年都不成问题，可惜现在农村很难找到能干这样细活的木匠了。过去，好的大门不仅木作讲究，而且还有许多特别的金属构件，如门拔、铁皮叶等等。它们钉在门板上一是保护门板，特别是边角等易损的部件，另外一个用意就是具有装饰作用。像大门的门拔常常被铸成虎、螭、龟等兽面模样，样子十分威武吓人，而大门上的包页常常做成葫芦、祥云等图案，密密麻麻地钉上许多圆钉，很有装饰韵味。过去山东章丘市出铁匠，不光农具活干得漂亮，还专门打门窗五金构件，因而那一带农户的门楼虽不一定漂亮，但门扇上的铁匠活却很细致讲究，成为当地的一大景观。

不过门楼也不是一成不变的，它是院落的门面，自然这门面就跟随着主人的改变而改变了，可以说门楼的改变是时代及四合院变化的一个缩影。传统的门楼只有大小等级的不同，并没有形式的变化。进入民国以后，门楼也随着四合院的兴起而有了改观。一种变得很亲切，没有了那种高高的威严的势头了。这种门楼虽然还是两面坡顶的形式，却是简单得多了，连同那不高的围墙在一起，只起到象征性的维护作用，或者更有简单的，只是在四合院入口处象征地做一个简单的造型，这种形式在近代城市中并不少见。还有一种就变得很复杂琐碎，加上巴洛克的涡旋，或者砌成拱形的门洞，或者门楼上再加上高高的女儿墙，主人追赶时髦的心理一望而知。近代最有名气的门楼要算上海租界的石库门。实际上石库门源于江浙一带民居的库门，是一种石质的门楼，到了近代的上海竟成了著名的近代里弄的象征。当然这时的石库门已经是很丰富的了，各种造型的石库门构成了这座中国第一大城市独特的风景线，几乎成了上海民俗文化的象征，描写石库门下上海市民生活的小说也屡见不鲜。二三十年代是各地城市门楼变化最快的时代。什么摩登风格、现代派风格都影响着门楼的变化，而门楼的变化也反映着那个时代的社会变化。50年代以后，大家都是享受平均主义，那些显赫地位的门楼似乎一夜之间都换了主人，许多大四合院住进平民老百姓，门楼也不再是主人身份的象征，而只是一个时代产物了。

80年代以后，首先在农村又开始修建门楼，门楼修建得也越来越漂亮。山东高密范祚信先生虽是位农民，却是响当当的人物，他的剪纸不但全国有名，还多次出国表演，因此他在当地农村里也是数得着的富裕人家。按理说剪纸是地道的民间艺术，追求的是质朴率直的风格，可范先生家的门楼贴着瓷砖，修得也和镇上富裕的个体户的没什么两样。高密其他几位靠年画和做泥玩具致富的民间艺人的家，他们的门楼也都修得同样富丽花哨。这些靠民间艺术发了家的人却首先抛弃了自己所熟悉的那类民间艺术，这也是个很有意思的现象。新式的门楼一般是水泥的，画点儿山水画，后来开始贴马赛克和大理石，花花绿绿的好不热闹。现在，去农村很容易看出哪家是先奔小康、先致富的人家。新修的门楼同样代表着财富、地位和主人的家境，不过这些花花绿绿的门楼总使人觉得少了点代表中国民间文化的东西。

　　大门是一家一户的象征，所以在传统的民俗活动中，大门也就有了更多的含义。关于门的俗语就特别多了，例如"门面"和"门路"，它们原意是指门楼的外表和门洞，可现在"门面"已变成人们物质生活的一种外在表现；而"门路"也失去了门洞的原意，表示为人们之间的某种社会关系。大门最直接的民俗活动就是过年时贴对联、请门神了。想想那黑漆的大门上贴上一幅鲜红的对联，门框上挂着五颜六色的过门笺是何等的热闹。平常年间的节日如此，特别时代的大门更具有历史上的意义。几十年前一块小小的"军属光荣"的木牌挂在大门上，使得那些普通的大门平地生辉，引来多少家庭的羡慕和向往。在山东海阳的一户老乡的门楼上有这样一块蓝底白字的小木牌，上面"支前光荣"的字迹已很模糊了。房主说这小木牌是 1948 年挂上的，一直没摘下来过，整整 50 年了，它为主人这座普通的大门增添了无尽的荣耀。

（二）秀丽华美的二门

　　四合院既然是一个个院落相套的布局，有大门自然也就有二门，只不过二门在不同的地方有着不同的叫法。北京叫垂花门，济南叫虎座门，江南地区也叫库门。这里，为了与大门区别，我们只好通称之为二门了。

二门一般是位于整个院落的中轴线上，是外院通向内院的必由之门。二门以内一般是一家人的起居之所，因而二门不需要像大门那样威严高耸，而尽量布置得活泼生动，装饰上也颇有情趣，什么多子石榴、五蝠捧寿、凤凰牡丹等装饰图案，都用在了二门门楼的挂罩、门墩、雀替上。在北方最为讲究的要数北京四合院的垂花门了，垂花门因为门柱上雕刻有一对垂莲而得名。这可以说是北京四合院的一个标志，也是内院的精神所在。垂花门一般是采用卷棚悬山结构，就是中间是半圆形的那种屋顶，上覆小灰瓦，中间不留瓦脊，一点儿也不喧嚣突出。门楼两边的饿脊，使瓦顶两边稍稍有了变化，柔和亲切，不像大门那样威风和严谨。屋脊下的跑马板和挂罩是整个大门装饰最美的地方，雕刻精细而柔和，好像所有的装饰手法都用在这儿了，却没有突兀夸张的感觉。现在不少四合院中二门的瓦脊和椽子都已坏了，只剩下空空的木架子，没有出檐的遮挡，从这单纯的木架中你更能看出那雕刻的精工细做。二门也是有门扇的，过去是白天敞开，夜晚关闭。就是白天门开的时候，外院人也看不到院里人的活动，因为门扇后面还有四扇屏门。屏门是所有门中构造最简单的形式，没有门边门轴，一般只是四块屏板拼接在一起。屏门刷成绿色，上面或书或画，或刻上四季平安、吉祥如意的吉利话。这四扇屏门是轻易不开的，除非有婚丧嫁娶这样的大事。所以如果客人来到前院的客厅聊天，没有主人的邀请是进不了内院的，也看不到内院的情景。

二门的设立在过去是为了男女之大防，所谓的"二门不出，大门不迈"就是指的这里。就连民国以后，许多开埠城市的新式四合院也设有这样的屏门。按说那时已经是民风渐开，提倡男女平等了，可封建遗俗却依然存在。即使到了30年代以后，已经是完完全全的现代四合院了，还设有这样一个二门。在威海、大连等近代城市的四合院中还建有实际上已没有什么作用的拱形二门。有时，文明的进步就是这样的缓慢。

不过，你现在要找这样有四扇屏门的二门可不多了，一个院子里住七八家人，哪还讲男女授受不亲。不信你到老北京的四合院看看，凡是被改为大杂院的，二门十座有五座被拆了，剩下的五座不是改作放煤球停自行车的小棚，就是后面搭做了小厨房。

南方四合院是不太注重大门的，主要是受街巷、河道的限制。南方的街巷一般较窄，即使大门修得再好也难欣赏到全貌，所以南方四合院把修筑大门的笔墨全都用在二门上面了。南方四合院的二门有两种形式，一种是依附于大厅后面的门楼，另一种是立在围墙上的石砌的库门，两种二门各有特点。不过南方大宅院的二门，确切说已经不仅仅是二门，因为有不少第二、三进的轿厅、大厅、女厅，其墙后都有这样的大门，这里为了和大门进行区别就统称为二门。如现在苏州民俗博物馆敦睦院的门楼（图15），可以作为江南门楼的代表。这座位于大厅后墙的门楼是仿木结构，比大厅的墙略

图 15　苏州民居的二门

高，檐口、瓦当、滴水的下面是瓦做的仿木椽子，其下又是砖砌的斗拱，斗拱间是精细的砖雕，门楼的两侧是砖雕的垂花，这垂花和北方四合院的垂花比起来要淡雅得多。如果在北方，门楼做到这个地步已经很可以了，而在江南，门楼的装饰还没进入高潮。江南门楼雕饰的高潮部位是两垂花之间的挂罩，几乎全是高浮雕，上面是各种吉祥图案。敦睦院雕的是凤凰穿牡丹。在其下是门楼的眉心，就是书写宅院堂号及建造年代的地方。这部位为了突出堂号，装饰最为简单，左右各有一个砖雕的花心，中间是"敦睦成风"四个大字，简洁明快。再下是层层的砖雕叠涩，叠涩下又是一层砖雕图案，"鲤鱼跳龙门"、"渔歌对答"等，这样才完成了整个门楼的雕饰。雕饰下面就是清水磨砖砌成的门柱，最下面以腰线收口。

江南大宅院的门楼大致都是这样的结构，只是雕刻的内容因房主的喜好和工匠的水平略有不同罢了。我们在江南的深宅大院中屡屡看到这样精彩的门楼，门楼上的额题各不相同，什么"亨衢咸履"、"庆既令居"、"东吴世泽"等等，记载着江南一个个大家族的荣耀。可惜的是门楼上的砖雕大多没有幸存下来，不是在动荡的年月里被损坏，就是在破"四旧"

时被水泥抹上，给我们留下永久的遗憾。

江南的二门也有小门楼的样式，即用石条砌成石库门。这种石库门一般位于围墙上，结构结实牢固，造型也极为简洁。从立面上看，门是由四块花岗岩组成，底下是一条基石，左右是门立柱，门立柱上架两块雕花的挑梁石，挑梁石上再加一块门楣石，大门的立面就完成了。大门一般为黑色，与大面积的白墙形成鲜明的对比，现代感特别强。大门内部的构造也比较特别，江南民居的墙体单薄，但门垛却特别厚实，门垛一般是用砖砌成厚厚的八字形，门垛上面再加一块厚花岗岩石板，上铺小灰瓦。门的背立面的造型反而比正立面还要丰富，这也是江南民居的共性。这种小式二门的做法与北方不同，门扇一般都漆成黑色，门板厚重结实，门轴下端一般包上铁箍，插入门窝；门板上不做门闩，而是在两侧门垛中做一个深深的门杠窝，藏一根粗壮的门杠，关上门的时候，就把门杠从门窝里抽出来，插入门垛的另一端，这样，就算你有千斤之力也不能从外推开大门。

现在的四合院不管北方还是南方，基本上都不建二门了。一是院子狭窄容不下二门，再者现在就连最偏远乡村的女孩也在追逐现代化、赶新潮，早就不存在"大门不出，二门不迈"的规矩。既然规矩都没有了，还修什么二门呢！

（三）庄重严谨的影壁

在四合院中有许多设施是中国建筑特有的，纯粹是精神上和装饰上的构件，虽谈不上实用，但哪个院子里也不能缺少，它是四合院的一种标志和象征，这其中最典型的大概就是影壁了吧。

影壁又叫照壁、照墙，简单说就是一道砖砌的矮墙。过去每个四合院都有，或在大门里，或在门外，或者门里门外都有，甚至有"没有照壁不成住处"的说法。

照壁历史久远，我们在西周时期的四合院的遗迹中就见到了照壁的形象，后来在汉画像石、敦煌的壁画上都见到过影壁的形象。到了明清以后，随着四合院等级制度的完善，影壁已经成了四合院中不可缺少的一部分和等级制度的象征了，装饰也越来越讲究越来越精美了。

关于四合院照壁的产生还有很多的传说。据说，古时候人们的宅院里经常闹鬼，开门稍有不慎，便有厉鬼闯入院子，祸害家人的性命，防不胜防。后来，人们发现这鬼也有一个致命的弱点，就是他只会走直线而不会转弯。于是人们就想起了在大门里或外竖一道墙的办法。这样即使鬼闯入院子也只能撞到墙上，进不了内院，所以照壁在民间又有"鬼碰头"的说法。即使是再小的不成规矩的院子，也要在大门里修这样一道墙用来防鬼，大一点的院子，还要修门里门外两道墙呢。过去人们把门内的墙称为"隐"，门外的墙称为"避"，后来不管门内门外的墙都取"隐蔽"的谐音称为影壁了。

影壁和门楼一样，也有好多种类。像外墙就有八字形影壁和一字形影壁，它们和大门前的空地相呼应，更烘托大门庄重的气氛。不过，过去这种大门外的影壁只有富户人家的大宅院才能有，特别是带须弥座的八字形影壁，只有王府一级的宅院才会有的，而一般人家多修院子里的内墙影壁。内墙影壁有靠在厢房上的座山影壁和院子里的独立影壁两大类，这种影壁凡是四合院都有，只是做工精粗不同而已。

大门外的八字影壁在所有影壁中质量最高，做工最好。它大多是由青石、青砖砌成，从上到下一般分为砖檐、瓦顶、上身、下碱几部分，各部分做工都十分讲究。如影壁的瓦顶，八字影壁的瓦顶为四坡顶的形式，瓦顶设有正脊吻兽，有仰合筒瓦，和官式房子的屋顶一样。由此可见，这种八字形的影壁规格之高。大门外另外一种影壁就是一字形影壁了，这种大型影壁多见于江南。江南四合院是中轴对称的布局，大门位于轴线之上，院子里天井又小，影壁自然要放在大门之外。不过，影壁在江南一般称为照墙，形式比北方也要简洁。影壁下碱为灰砖，中间是粉墙，不做过多的雕饰，仅在中间砌一块灰砖，上面刻"鸿喜"两个字，既简洁又醒目，而且每天一出大门抬头就可以见到这"鸿喜"两个字。如果你在江南某个旧城的街巷，一看到这样的影壁，就知道前面是大户人家了。不过在北方也有一种特殊的例子，北方四合院的大门如果在村头或路口冲着马路，人们也要在院子的前面竖一道这样的影壁。有了这样一道影壁，人们便觉得心里安稳多了，这是一字形影壁的一种特殊的用法。(图 16)

图 16 北方乡村大门外的影壁

　　当然，影壁最常见的样子，还是进了门楼迎面山墙上的座山影壁了。因为外墙影壁并不是所有人家都能修得起的，而内墙影壁只需在厢房的山墙上稍微地改造一下即可，所以几乎所有的四合院都建有这样的座山影壁。当然最为讲究的还是北京四合院的影壁了，因为北京四合院的影壁不仅数量多，而且做工好。北京的座山影壁一般都独立在厢房上砌檐，中间是方砖拼心，用的是那种磨得极细极细的青灰色的方砖，拼接得只留一点点缝儿。北京四合院影壁最讲究的是砖工，在影壁心还有一团砖雕的花心。花心一般是以花卉居多，常见的有荷花和四季的梅、兰、竹、菊，而影壁的四角也有这样的雕花。这些雕砖细腻流畅，是北京四合院装饰最见功力的地方。我们走在北京的大街上，透过大门楼门框的剪影，就可以看到这样精美素雅的影壁了。

　　如果院子里面没有厢房，人们就要在院子里竖一道单独的一字形影壁。有了这种影壁，即使是开着大门在街上依然看不到院子里的活动。这种独立的一字形影壁在农村的院落中比较常见，因为不少农村的院子很大，厢房离大门很远，或者干脆没有厢房，怎么办呢？只有在进大门的地方另外竖一道影壁了。当然，这种影壁也是随各地风俗而建的。平原地区常常是土坯形式的，上面没有什么雕刻装饰，多贴一条红纸，写上"出入平安"、"抬头见喜"什么的。在山东的沂蒙山常见石砌的影壁（图17），这种影壁是用小石头砌成，也没有什么雕饰，但主人却在墙角和墙顶上摆满了一盆盆盛开的鲜花，自成一番情趣，让人过目难忘。(图17)

图17　北方乡村的大门内的石影壁

影壁是四合院必须要有的，如果四合院真的太小，连砌一道砖影壁都很困难的话，人们就要做一个木影壁放在大门入口的地方，似乎只有这样心里才会安稳。这种木制的影壁在过去并不少见，我就曾在乡下见过修得很好的木影壁，主人真可谓用心良苦。

四合院在世界各地都曾有过，但影壁这种形式恐怕只有在我们中国才有。它真正地反映了中国建筑艺术的独到之处，既要开着大门，却要用墙挡着院子里的情景，而墙上又要装饰得精美无比，充满了生活的情趣。

现在，农村的四合院与传统院落相比已变了很多，但唯有影壁不但没有消失，反而越修越漂亮了。过去多是红砖砌成的，而现在大多是用漂亮的瓷砖贴面，而且也越修越高大了，当然它已经没有了"鬼碰头"的含义，却也多少能反映出中国人那种传统的心态吧。

（四）丰富多彩的庭院

我们在开头就讲过，四合院之所以与其它建筑不同，就是因为它有一个四周封闭的院落，这是四合院的精神所在。院落在布局形式上大体上是一致的，但院落的大小、立面风格的差异等诸如此类的变化又形成了四合院在统一主题下缤纷繁杂的内容。

一般来说是北方院落敞亮，而南方的四合院紧凑，这是南北四合院的主调，而具体到各地院落却各有各的章法，各有各的说头。不过如果单讲院落，当以北京的四合院为最好。好在哪呢？首先是它讲求对比，讲求一种变化，使人的心境能随着院落空间的不同而产生不同的变化。比如我们进入大门，先见到的是照壁前的一个小小的天井，照壁上一个斗大的"福"字让你一下子感到你走进了一个殷实的小康之家，可天井太小，容不得你停留就拐进了前院。前院也是窄窄的，不过在粉白的隔墙中间有一个红色的垂花门，那么醒目，让你细细地品味它的每一个细部，也很想探究一下垂花门后面的景致。等你进了后院才豁然开朗，刚才的局促和紧张一扫而空，方方整整的院落中疏密相接的花木、敦敦实实的正房和厢房，一切都是那样的大方朴实，和前院的狭窄形成了鲜明的对比（图18），连你的心情也变得开朗起来，不由得想起这院子里一家人的欢声笑语。这种北京四合院院落带给人的是亲切和开朗。

图 18　宽敞的北京四合院的院落

南方四合院是狭小的，它讲求的是一种重复，"庭院深深深几许"主要是指南方四合院的院落。一进门，天井就不大，但布置却极为讲究，门楼高大精美，隔扇雕饰讲究。如果打开中门，便可看到一个个联系着的庭院。进入一个院子，还想进入下一个院子，不由得一个院子一个院子地走下去，这也是江南庭院之妙。走进一个院子，它四周是阁楼高墙，楼是雕栏隔扇，墙是砖雕瓦塑，样样精彩无比，使人流连忘返。天井中间还有一小门，使意犹未尽的人们顺着小门走进下一个院落，而下一个院子同样是精美无比，同样后面还有一个小门。一直走到最后的院子，推开那儿的一个简朴的小侧门，拾级而下，你才发现原来是一条悠长而静谧的水巷，而水巷的对岸又是这样一座深宅大院，这时您总会有种余有未尽的感觉。这就是江南庭院引人之处，每个院子的格局虽相同，细部却有不同之处，好奇心牵着你一个个的院子走进去，去比较、去发现。

这是南北四合院在总体布局风格上的不同，如果再看一下院子里的细部也十分有趣。比如院子里的铺地在南北四合院中都有不同的讲究。在四合院中除了十分简陋的院子外，都十分讲究铺地，铺地的方式根据主人的地位、财力和四合院的大小而有所变化。南方雨多潮湿，天井一般是用砖石铺满地面。一般人家用条砖侧面向上铺满地面，而讲究的则用条石铺地，即那种厚厚的花岗石。其中最为讲究的是浙江东阳虎鹿铺的石板门堂了。它建于清道光年间，是一座两进院子的典型江南庭院，其格局虽然简单，但其规模和雕饰都高于镇上的其它民居。更为精美的是它庭院的地面，用八百块正方形的石板铺成。这些石板大小如一，纹理近似，经过一百多年的风雨冲刷，依然平整光洁，不禁让人惊叹当年施工工艺之精湛。南方的石铺地如此，北方的砖铺地也极为讲究。在北京四合院的正院里，一般是铺十字形甬路，甬路以外的四块空地栽植花草。铺甬路一般是用大块方砖，高级点儿的用青石，简陋的用条砖。铺地的方法也有讲究，甬路的路面一般要铺成弧形，两边还要做散水，这样即使下倾盆大雨，路面也干得很快。北方四合院一般的砖铺甬路，其表面也常常铺成拐子回文、锦文等各种吉祥文样；讲究一点的，还用瓦片的侧面及石子镶嵌成各种精美的具象图案，像什么鹿鹤同春、麒麟送书、兰花牡丹、宝瓶双钱等等，你可以一边走，一边欣赏这些地面上的图案。

过去的四合院极为讲究绿化，古人不是曾说过"宁可食无肉，不可居无竹"吗？凡是大一点的宅院都是带花园的，北方的花园多在整个院子甬路的最后一进，而南方的花园多在整个院子的一侧。相比之下，南方的花园更为讲究，一是受南方自然环境的影响，江南山清水秀，四季常青，极适宜造园，再者江南文人荟萃，造园名家辈出，这些文人极需一个歌物咏志的地方，这也很大程度上促进江南庭院的不断发展。就连一般的民居也深受影响，虽庭院狭小不成去处，但花木相间，幽静温馨，与朋友品茶谈天，很有一番情调。这类花园虽大小不一，品位不同，但布置却各有特点。我在江南的一个小镇就见到这样一处陈年的老宅院，有许多房子已经空落了，穿过一条长长的幽暗的备弄，却发现一处三间房大小的花园。这花园当年是一处普通人家的花园，如今已经许久没有人来了，院子不大却有石有水、有树有花，极成景致。斑驳的墙面铺满青苔，院中的几块叠石也隐没在树丛里，只有墙角的一株牡丹开得正艳，给这静寂荒凉的院子平添了一分活力。相比之下，北方有花园的四合院是极少的。因为北方四合院院落本来就很宽敞，可以休憩聊天，就不单设花园了。而且像北京的四合院，在甬路的四周都种花植树的，很有田园的气息。即使现在北京四合院里的空地很少了，市民们仍保持种花养草的习惯。不信你夏天随便走进哪一个院子，保准都是绿意盎然的。在北方，真正建有花园的，至少是王府一级的院落。在北方四合院，其花园很有规模的只见到两处：一是北京恭王府的后花园，亭台楼阁，规模很大；另外一处就是山东曲阜的孔府后花园了。

四合院中种植的树木，南方多为芭蕉，过去诗句中常用"雨打芭蕉"来描写江南庭院细雨绵绵的气氛，大的院子里还有玉兰树、山茶树、橡皮树等等。北方四合院最常种的是石榴树，六月石榴花开红似火，给静静的四合院平添了几分喜庆的气氛，而且石榴在民间还有多子多福的寓意，所以北方过去不论城乡都一定要在院里栽一两株石榴，以求子孙满堂、家族兴旺。北方庭院常见的树木还有梧桐，梧桐生长快，成材好，并且春天开紫花，为庭院带来阵阵清香，夏天则枝叶茂盛，给人们带来浓荫，所以只要在院子里有空地，人们都要种上几株梧桐树。北方院落最讲究种的算是葡萄，夏天，那满架的葡萄枝叶爬满了整个庭院，入秋结满串串葡萄，架下大人小孩一边乘凉，一边聊天，这是北方最常见的场景。我小时候，烟台四合院的另一种特色果树就是无花果了，记得过去在烟台几乎所有的四合院里都种它。其实无花果也是有花的，只是属于隐头花序，很难见到。每到夏天无花果开始结果时，众多的果实都密密麻麻隐约在枝叶之间，熟透的果子会自动地裂开，这时你用特殊的竹竿轻轻一碰，它就会掉下来。无花果虽个头不大却很甜，你把它拿到手里，从后面轻轻拨去绿色外皮，就会露出乳白色的肉皮，把它整个放入口中，红色的果肉很快就化了，那感觉像蜜一样甜。一棵大的无花果树一般能结几十斤果子，这足够一家人享用整整一个夏天的了。小时候，只要我们这帮小孩经过的院子，凡是能够够得着的果子，不等它熟透就被我们早早地享用了，现在回忆起来那也是一段快乐的时光。

不管现在一些持有现代观点的人如何这样那样地批驳四合院，说它怎样落后怎样陈旧怎样不方便，但四合院有一点是现代建筑怎么也替代不了的，那就是它的庭院给人们带来的生活乐趣。我的一位朋友刚分了一套住房，正好在楼下一层，有个近30平方米的院子。这位老兄高兴得不得了，春天一到，就在院子里种下了几棵香椿树和一棵葡萄。原来他们家曾是济南的大户，过去在西门外的麟趾巷有过一套很大的宅院，郁郁葱葱的树木给他的童年留下了极美好的印象，他对院子的感情自然很深，所以一分到房子便栽上了树苗。不知道他今年是否吃了自己种的香椿芽了？只有失去过院子的人才能真正体味到一方自由的活动空间是多么的宝贵啊！

（五）变化多样的院墙

讲完了四合院的大门、二门、照壁、院落，就该谈谈四合院的院墙了。四合院之所以封闭，院墙起了决定性的作用。本来么，没有院墙怎么能成院落呢？只不过它与门楼、影壁相比，朴素简单得多了，没有那么多的雕刻和装饰，也没有那么复杂的做法和讲究。但是，正是由于这朴素的墙面，才衬托出门楼的高大和威严，才衬托出照壁的精美和细致。四合院的院墙虽然简单却不呆板，虽然朴素却不单调，它也有一套独特的施工工艺和艺术处理手法，使那看似封闭和严谨的院墙总能透出几许独特的生动和活泼。

如果是从外面来欣赏一座二进的北方四合院，那就可以看到它的山墙、檐墙、卡子墙等等，这么多的院墙变化是在现代建筑中很少见到的，这是按墙的不同位置而划分的；如果按墙的立面形式和艺术特点又可以分为看面墙、花墙、八字墙等等；按功能则又可分为挡土墙、迎水墙、女儿墙等等。

山墙主要指四合院正屋和南屋的侧立面。从外表来看，

山墙是由两个坡屋面的山尖和下面的墙身组成，它是四合院
外观变化的一个主要的组成部分；山墙山尖坡度的急缓，也
是构成四合院性格变化的重要因素。我们一般看到的江南四
合院的坡顶，是一条缓缓的优美曲线，接下来是连着的檐墙，
那优美的曲线在粉色的墙面上十分醒目，给人以舒展、平和
的感觉；而北方四合院的山墙却是硬硬的直线，给人以棱角
分明的印象。两种四合院的风格从山墙上就一望而知。许多
院墙的细部刻画也极为丰富，像规模较大的四合院的山墙，
从侧面可以看到它的正脊和侧脊，侧脊上有瓦兽、砖雕人物
及博风板等。博风板原本多为木做，但是在居民上多用各种
异形的砖拼接而成。博风板的下面是墙身，整砖的称为硬心，
抹面的称为软心，墙身下面就是砖砌的下碱了，下碱基础就
是石板。这是北方普通的四合院山墙的变化。讲究一点的山
墙上有两处雕刻，一是博风板下的挑檐石，它往往被雕刻成
吉祥的图案。在济南后营房街的一处四合院的挑檐石，它的
侧面雕成一只机灵的小猴儿，捧着寿桃；另一处雕刻位于挑
檐石下面的墀头，虽然在山墙上仅可以看到它的一个侧面，
但仍作为雕刻的重点。在山东泗水一带的村子，村里大多为
土坯房，可墀头却是砖雕的，内容几乎都是些吉祥的文字，

什么"金玉满堂"、"四季平安"、"吉祥如意"等等，每块墀头两个字，正好镶嵌在东西两面山墙上，十分醒目，这也算是一种地方风俗了。

南方的山墙没有北方这么多的装饰，只是一面粉墙，十分素淡。这些粉墙由于长年累月地受风雨侵蚀，出现一些斑斑驳驳的变化，加上墙身附着的青苔，构成一幅素淡的画面。这在那些描绘江南景色的绘画中常常可以看到。南北方山墙的不同还有一点，是北方的山墙上决不开窗，据说不吉利；而南方就不讲究这个，在那儿的山墙上常常看到形状不同的窗户，上面有的还有灰瓦砌成的弯弯的窗楣，十分秀气地加在木棂窗上，形成南方四合院一道别致的景观。

在四合院的外立面中除了山墙就是檐墙了。檐墙是指四合院厢房的后墙，它是低于山墙的一道横墙。由于檐墙在四合院轴线上的从属位置，所以一般不太讲究，没有装饰，只有一些大砖四合院的砖檐常常有些变化，如抽屉檐、冰花檐等。四合院的檐墙过去很少开窗，以强调其封闭性，有的即使开窗也是高高地位于檐墙顶上。直到近代，檐墙上的窗户才渐渐多起来也大起来，这可以说是四合院的一大进步。

四合院外观上最小的墙是卡子墙。顾名思义，卡子墙就是卡在正房和厢房之间的一段短墙。别看这卡子墙不大，却做得极为精致。我们看到的北方四合院的卡子墙，立面一般做成花墙，或用砖砌，或用瓦叠，拼成各种各样的图案，使外墙一下子活泼起来。民间这种花墙做法很多，以北方民间为甚，其常见的花纹不下几十种，像鱼鳞纹、十字花、轱辘线纹等，民间工匠的才智在这里得到发挥。据说这种卡子墙是为防盗而设的，四合院的檐墙和山墙都高大而且是坡顶，不好攀登，唯有卡子墙比较单薄，容易翻越，所以把卡子墙顶部做成玲珑的花墙，不甚坚固，一旦有人攀登，那些花砖花瓦就会松动掉下来。所以卡子墙又叫响墙，有警示的作用。卡子墙下面常做上沟眼，用于排水。讲究的四合院要做成石雕的"挑头沟嘴子"。一般的四合院是做成砖雕的"沟山"。其位置也很讲究，如果在座北朝南的四合院中，就位于院落的东南角，即大门照壁前的卡子墙下面。这是外院的卡子墙。在北方四合院内即东西厢房和二门之间也做一段卡子墙，这段卡子墙更为精彩、灵巧，而且墙面也极为精细，白色的墙心和红色的门楼形成鲜明的对比。

　　四合院院墙的材料因各地四合院的不同而各异。传统四合院一般是砖砌墙，但砖和砖的形式也不一样，像北京大式四合院是采用大青砖对缝一溜砌到顶的做法，民间称"干摆到顶"，青森森的十分威严。而小式的四合院虽说也是砖砌的，但采用的是未加工的糙砖，不过由于当时的烧砖工艺普遍精良，所以砌出的墙也是严丝合缝的。最简陋的砖墙是采用"外整里碎"的方法，即在墙的四角用整砖砌墙，而墙心是用碎砖填充，外面抹白灰。这种做法在民间被称为"四角硬"，意思是说墙边是硬的砖砌，而墙心就是软的"碎砖"了。这是北方的砖砌墙。江南的四合院大多也采用砖砌墙，不过砖的砌法与北方截然不同。北方的砖砌排列一般采用卧砖的形式，其砖缝的样式也多为一顺一顶、三顺一顶、十字缝等等；而江南的四合院砖墙多采用空斗砖墙的砌法，中间是空的，外表抹白灰，因而江南四合院的外表只看到白墙，不见砖缝。由于空心砖省料且不厚重，所以江南四合院的院墙都十分高大。这真是既精明又实用的办法。

石砌院墙是四合院院墙的另外一种形式。这种石砌的四合院多见于产石的山区和小城镇。由于各地的石材各异，所以院墙的色彩也各不相同，粗犷的石质、斑驳的色彩使四合院也能体现民居的地方特征。城市中讲究的石砌墙采用方石和条石的形式，这种加工好的石块方整而均齐，砌起来的高

墙厚重严谨，十分威严。普通四合院的墙体采用碎石拼砌的
形式，由于石块大小不一，色彩的变化又千差万别，所以这
种石墙的色彩效果最好。山东蓬莱市城区就有这样的一大片
民居，墙身是由青灰色、暗红色、灰白色、赭石色等各色石
块拼接而成（图19），加上白色的石灰勾缝，仿佛是一幅抽象
派绘画。还有一些民居把这种碎石块加工成各种具象的图案，
如宝瓶、双钱、寿桃等，砌在墙里面，主人追求吉祥如意的
心理和工匠巧妙的构思表达得是那样恰如其分，坦诚自然。
这也正是石墙民居的特色所在。不过，石墙的砌法并非以上
两种，比如山东泰安山区的四合院是用卵石砌墙的，因为泰
山自古便封为神山，不许开山采石，所以山民历来建房都是
捡河边的卵石砌墙，千百年来竟然形成了一套独特的砌墙工

图19　北方乡村的石头墙

艺，因而当地曾经传着"泰山有一怪，圆石头砌墙墙不歪"的说法。其实这种鹅卵石砌墙的方法不光泰安一带的山区特有，在山东即墨等沿海地区也屡见不鲜。

四合院中最简陋的院墙就是土坯墙了。土坯墙是一种古老的筑墙方式，远在商周时就有了这种土坯院墙，直到现在一些农村仍在采用，像甘肃、陕西一带的四合院和黄河下游的民居。土坯墙看似简单，但其制作要求是很严的。首先，选择的黄土要纯净，不宜使用砂性土，为保证砖坯的结实，黄土中还要加入麦秸、稻草等泥筋，这些泥筋在装坯前一定要反复调和，摔打均匀后才能装坯、脱坯。和泥脱坯是很实在的力气活，砖坯经过这样瓷实的处理再晒干后是很结实的。不过土坯墙最怕潮湿，墙下还需要加一层芦苇或秸秆层以防潮，墙顶上还要盖些瓦片什么的，垒墙过程中还要掺和一定的石灰，这种土坯墙才算垒成。砌的结实的土坯墙撑上个七八十年没有问题。

土坯墙虽然不太美观，但它有很多优点。比如它在烧制过程中不需大量的燃料，墙倒后泥土又完完全全地还原给大地，用现在的眼光来看非常符合环保的要求。所以，目前国际上对这种生土建筑的研究越来越重视。

院墙是四合院面貌的重要构成部分，它的色彩、造型、线条直接影响着人们对四合院的最初认识。一般来讲，北方四合院的院墙厚重、丰厚、沉稳，而江南四合院院墙灵巧、明快、流畅，两者风格截然不同。再比如说色彩吧，江南四合院追求的是单纯的效果，很有现代风格。如苏州贝氏大院的院墙，临街数丈高的墙身都是单纯的白色，不多加一点装饰，只有几处灰色的门楣、窗框点缀其中，然后在檐口处用砖砌了一道灰色的花纹，整个墙面色调明快、简洁。贝氏大院是著名华裔建筑师贝聿铭先生的故居，所以我们不用见到贝聿铭本人，只要看看他幼年居住过的院落，就可理解他所设计的一系列作品的内涵了。

并非所有江南四合院的外墙都是完全封闭的，有些大式四合院的外墙上也留一两处雕砖砌瓦的小花窗，在粉墙上很雅致，颇有点儿画龙点睛的效果，不过这一两处窗户却开在大院落天井的二层厢房的檐墙上，高不可及。这种窗户在中国古典小说中常成为爱情故事的布景，深锁闺中的多情小姐往往从这儿会见自己心爱的才子。

江南四合院最动人的地方，是它院墙整体线条的流畅和明快。江南四合院是封闭的，墙面又是单一的色彩，所以院墙的轮廓线条就成了最有魅力的地方。一座多进四合院，它的外墙轮廓线条自大门山墙坡顶开始缓缓地升起，然后到达屋顶的山脊，山脊一般做得都很丰富，因而线条在此稍做停顿后又轻轻落下，落到与院墙相交的地方就慢慢拉长，到了第二进院落的屋顶，又开始缓缓升起、停顿、轻轻落下、慢慢拉长，如此反复，仿佛是一首韵律舒缓的回旋曲。

苏州有两组很有特色的建筑，一组是新建的三层仿江南四合院建筑，另一组是江南旧式的五进四合院，正好都位于苏州的殿基巷。新建的楼房是在拆毁的旧四合院的原地盖的，和对面的旧式四合院的外墙平行。从表面看，新建的楼房也是粉墙灰瓦，也有瓦脊挑檐，但和旧式的院墙对比总觉得少了点什么，仔细观察，原来旧式院落外墙的轮廓线条很注意轻重缓急的变化，富有韵律，而新建的楼房外墙变化呆板、僵硬，只是表面的模仿，而缺乏一种神韵，传统江南四合院的外墙的一些细微之处的变化在新的建筑中几乎找不到影子了。旧式四合院的外墙窗户总有一道砖砌的窗楣，非常提神，这也是江南四合院外墙的一个重要特征，而新房的铝合金窗户立面总感觉生硬，缺乏变化。（图20）就江南四合院来讲，外墙是它艺术精髓的体现。过去江南四合院的外墙并没有什么设计规范，它的造型完全是工匠对它的一种感觉，一种理解。在旧城改造中，我们只有去深刻理解体味它，才不至于做出假古董来。

图 20　苏州殿基巷新旧院墙的对比

五、作为民俗载体的四合院

　　四合院最吸引人和最充满魅力的地方，还是与它相关的各种民俗活动。四合院不仅是人们温暖的家，更是人们的精神家园，人们的希望、欢笑、信仰和审美的启蒙，无不记载在这一个个小小的院落中……

（一）四合院的建造习俗

　　四合院的建造在民间历来被视为大事，因为它是关系到家道的兴衰、家庭的聚散和子孙后代的百年大计，一家人的生老病死、休养生息，都发生在这个小小的院落之中。同时，民谚又有"富不富先看屋"的说法，宅院又是一家人社会地位、经济条件的象征，是家族的面子。所以，过去四合院的建造都是由主人亲自参与的。官宦富贵人家可以几年、十几

年甚至于几十年地修筑自己的宅院，而一般乡间的农民如果
手中稍有一点余钱的话，考虑最多的也是如何置地盖屋，改
善自己的住处。所以，四合院的建造在民间向来被看作是件
很神圣的事情，从备料动工到上梁落成，都有不同的仪式和
风俗。虽然这些风俗仪式的具体内容在各地都有所不同，但
一般来说，相地择日、上梁落成都是各地必不可少的活动。

　　过去盖房之前，房主一般要请风水先生相地。过去四合
院的选址都很谨慎，因为自古以来人们对土地始终有一种敬
畏的思想，相地得当，可能会带来家族兴旺、财源茂盛，相
反则门庭冷落、灾祸不断——当然，以现代的眼光看，这是
一种迷信。虽说像那种左青龙右白虎前朱雀后玄武的风水宝
地实在太少了，但就一般四合院来讲，主人也要求地势方整
平坦，没有遮挡，采光通风良好等等。现在黄河下游的滩区，
人们建房还极为重视风水，选址一定要选地势高、采光良好
的地方，即使盖好了的房子，如果地势不佳，也不惜移址重
建。而在城市中由于用地的紧张，许多院子的地理位置不甚
理想，人们就想尽办法逢凶化吉，如在大门前挂镜子、墙上
竖石敢当等等，以求心理上的安慰。

　　相好地点之后，接下来就要请泥瓦匠择日盖房子了。过

去城里盖房子有专门的营造厂承建，只要房主把要盖房子的大小规模告诉营造厂主，营造厂再根据房主的要求设计房子的样子和备料、核定造价，然后与房主协商，商定后，营造厂就可以动工了。20世纪二三十年代，全国各地的营造厂都很发达，建造的四合院的质量和标准也很高。而在乡村建房一般选择农闲的日子，房主从很早就开始备料，除了自己家亲戚朋友帮忙之外，主要的手艺活还是要雇请泥瓦匠等手艺人的。这些乡间的手艺人大多也是业余的，在农闲的时候帮乡邻盖房子，十里八乡都很有名气。泥瓦匠可以根据房子的大小决定安排多少人，几个人做门窗，几个人备石料等等。正式开工那天，雇主一般要喝顿开工酒，在北方大多要燃放鞭炮庆贺；而在江南吴越地区泥瓦匠要敬鲁班先师和四方神灵，木匠要唱《敬鲁班神歌》等。之后的建造过程中，还有一系列的仪式活动。如在北方，墙砌一半要安装门窗的时候，一般在门窗上写上"安门大吉"、"安窗大吉"的红横批；而在南方，安装柱子石鼓墩的时候，要在下面垫"太平"铜钱，以求宅院的安稳。

但是，不管是在南方或是北方，四合院建造最重要的仪式还是上梁仪式。传统四合院都是梁柱结构，梁是整个房屋最关键的构件，它的牢稳与否是关系到整个房屋的安危和子孙后代使用的大事，同时，上梁也标志着四合院即将落成，所以各地对上梁都有一套隆重而热闹的仪式。

一般来说，上梁的前几天，房主就通知亲朋好友到时候来祝贺，一是感谢大家为盖房子所出的力，希望大家能再帮忙加把劲把新房子盖完，二是大家也想在一起热热闹闹庆祝新房的落成。具体上梁的时辰，各地的风俗也不一样：沿海地区一般选择当天潮水最高的时候，北方多选在正晌午。在江南却多在清晨和傍晚进行，上梁前，主人先要把香案抬进新房的堂屋，然后摆上鲤鱼、猪头、年糕、甘蔗等等，取日后日子甘甜如糖、步步升高的意思，然后要在墙上挂上镰刀、尺子、剪刀、镜子等物品，用以驱鬼。据说"鬼怕尺量"，用尺一量，镜子一照，鬼便显出原形，剪刀、镰刀也是鬼所惧怕的圣物，有了这些东西，宅院也就安宁，不会再有鬼了。最隆重的还是上梁的时刻，此时众人在鞭炮的燃放声中把挂满了彩绸的大梁抬上房去。待大梁安到屋脊，木匠师傅要往梁上浇酒，一边浇酒一边还唱道："手擎银壶亮堂堂，今日浇酒利四方。男女老少都欢喜，添财添喜添福气。"酒尽歌歇，木匠师傅才能从房上下来。这个仪式完了以后，上梁的木匠要头顶一个盘子，放些硬币和馒头、仙桃等等，再次登上梯子，一边登一边唱："手扶金梯步步上，芝麻开花节节高。祝贺主家千年富，儿孙满堂万代安。"上了房顶木匠又唱："一阵风来一阵香，恭喜主家造新房。快把锦缎来分开，金银财宝一齐来。"一边唱，一边把仙桃向主人的红锦上抛，最后，木匠师傅把盘子里的钱币、馒头等等抛向人群，人们齐声喝彩，拥挤着抢着木匠师傅抛下的东西。据说谁抢到钱币、馒头，一定会发财的。借此也显示出主家的财富无尽和大方热情，从而在众乡邻面前博得好的名声。上梁过后，主家一般要邀请工匠和众乡邻一起共进"上梁宴"，以祝贺新房的落成和大家的帮助。至此，上梁仪式才算结束。

在福建地区，上梁还有挂灯笼的习俗。福建仙游即将落成的新房子里大梁中间挂着一匹红布，红布下面挂着两个红布兜和一个红布制成的元宝，两边就是一对精细的纸扎灯笼了，灯笼上分别写着"人丁兴旺，福果早成"（图 21）。红兜里装着大豆、绿豆、谷子、花生、桂圆干，象征着五谷丰登，红布元宝象征着广进财源；而梁上挂灯笼是特有的习俗，分别叫"人丁灯"和"家业灯"，象征着家里人丁兴旺，家业千秋。

图 21　福州民居上梁挂的红布和灯笼

　　在我国北方，上梁也是建房的大事，也有摆供、歌唱等习俗，但前后的程序和南方有所不同。上梁前要在梁上贴上"上梁大吉"和八卦图案等等，贴上这些大红的横批，主人便相信房梁牢固了，所以在北方那些百年老房子的正梁上是可以看到这样的横批的。在上梁的时候，还有在梁上绑上筷子的习俗，意思是希望主人能快快发财。等到众人一起抬梁的时候，主人要在房子的四周燃放鞭炮，然后众人一起喊着号子把房梁抬到屋顶。这是北方建房最热闹的时刻，鞭炮声、工匠的号子声、众人的欢笑声和喝彩声搅在一起，上梁仪式达到了高潮。等房梁抬上房顶安好之后，主人要在正房摆上方桌，列上各种供品，进行供仰。而木匠师傅还要唱上梁的仪式歌，歌词的内容各地不相同，大都是工匠们几辈子传下来的顺口溜似的讨主人和大家欢喜的喜歌。比如，山东莱阳上梁时木匠瓦匠师傅要唱：

> 我的瓦刀方又圆，
>
> 当年用它砌过天。
>
> 都夸我的手艺高，
>
> 我闯过九州十府一百单八县！
>
> ……
>
> 上梁大吉四邻笑，
>
> 一步一个大元宝。
>
> 上梁上梁把脚翘，
>
> 一斗饽饽一斗糕。
>
> ……

大梁安稳以后，北方还有浇酒抛喜馒头的习惯。一般是瓦匠在房梁上浇酒，木匠在上面扬饽饽，等在下面的乡邻纷纷在下面抢饽饽以图个吉利，称为"接宝"，至此，上梁的仪式才告一段落。当天中午，主人要照例设宴款待工匠和左右乡邻，大家相聚在新房之下畅饮，之后主人还要给工匠们发喜钱。这是北方上梁仪式的大体过程。而在山东胶东地区，上梁的仪式还要热闹，房主除了准备各种庆典的物品以外，

还要蒸当地特有的面食，像"神虫"、"大枣饽饽"等等。神虫
要摆在房屋的四角，而各种龙、凤、鱼、桃形的小饽饽要发
送给众乡邻，大家一起享用，共同图个吉利。

　　上完梁之后，房子的大体构造就已经完成了，接下来的
就是在房梁上铺椽子、芭板和上屋瓦了，这些工程一般进行
得都很快，三间屋的瓦顶四个人一天就可以铺完。再接下来
最重要的事情就是做瓦脊了。瓦脊位于房屋的最高处，极为
讲究。像皇宫、宫廷和庙宇的房屋正脊都是琉璃的，需要预
先定制，连图案吻兽都有定制，不能随便改变。安装正脊的
仪式也极为隆重，要在正脊的龙嘴处安放"宝匣"，宝匣内要
放"五金"制成的元宝、五色线和铜线等等。在民间虽然没
有安装脊兽的习俗，但各地正脊的制作安装也有各种不同的
习俗。北方屋脊多用砖雕瓦砌，形象庄重古朴；而南方多为
砖塑，称为"堆灰"，形象有草木花卉、飞禽走兽等，造型灵
巧活泼。南方工匠做瓦脊的时候，一边砌脊，一边还要唱做
脊颂词。北方民间虽然在正脊安装时不放五金宝匣，但一定
要用红纸包着铜板放在里面，祈求吉祥和镇宅，这种风俗一
直流传至今。安完了正脊，四合院的建房工程才算是全部
完工。

(二) 神灵崇拜与四合院

神是什么样子，谁都没有见过。但是中国老百姓却把神一个个描绘得有模有样的，来信仰供奉，所以各地有数不清的庙宇，佛教的，道教的，地方的，行业的，大大小小，各种各样。我们在乡下考察，见到村中最好的最结实最漂亮的建筑也是各式庙宇。据说在北京过去光关帝庙就有 200 多座，由此可见神灵在过去老百姓的生活中是何等的重要。不过，这些庙宇供奉的都是主宰人间的大神。居家过日子，如果遇到点小麻烦，一般不用去庙宇求大神保佑的，老百姓相信只要把宅院里的诸位神灵供奉好，一般不会出什么大的事情，因而在自己的四合院都供有自家的保护神。所以，四合院过去除了供家人安居乐业以外，还有一个很大的特点，就是供奉着保佑家庭的各种神灵。也就是说，传统的四合院不仅仅具有居住功能，而且是神灵崇拜祭祀的重要载体，这也是四合院中重要的民俗活动。在南北方四合院中，供奉的最常见的神灵，有门神、土地神和灶王爷等等。

我们在前章中讲过，四合院在还没有建造的时候就要相地择日选好地址破土造房，就一定要先祭奉太岁的。太岁在民间是"左行于地"有名的凶神。传说如果建房时稍不注意，就可能在地下挖到一块会动的肉团，那就是太岁的化身。"在太岁头上动土"，那可是不得了的大事情，以后整个宅院就别想有什么安宁，所以历来兴建四合院前都要隆重地祭祀太岁，以求整个宅院的平安。在南方，这种祭祀太岁的风气尤为兴盛。像在浙江淳安县盖房之前要唱一首《踏地歌》，充分地反映了人们对太岁的敬畏心理。歌的开头是这样唱的："吉日良辰，天地开张；凶神太岁，退避远方；焚香燃烧，祭拜土地；新造房屋，万古流芳……"

人们在建房中除了对太岁的祭奉外，对房梁也要进行祭拜。虽然在四合院中并没有把房梁当作一种特定的神灵去供奉，但也完全把它人格化了。南北方上梁进行浇酒，也有让房梁饮饱酒的说法，这也是对房梁的一种崇拜。在江苏丹阳建房上梁时曾有《大浇梁》歌。歌中这样唱道：

> 说木王，
>
> 道木王，
>
> 提起木王话又长，
>
> 北木出在江西湖广龙虎山顶上，
>
> 千年万载长成木王。

可见那里的人们对树木，特别是把作为房梁的树木也是当作一种神灵去崇拜的。

上面这些活动，都是在建造四合院的过程中对神灵的祭奉。四合院中最常见的祀奉活动还是四合院建成以后，像每年都有的张贴门神呀（图22）、送灶王呀等等，这在南北方四合院中都很流行，特别是张贴门神。

图 22　北方四合院的门神

在中国，大概在民居产生之初就有了祭门的风俗。传说最早的门神是两个桃人，叫神荼和郁垒，他们是黄帝手下的两员大将，百鬼畏之，人们就把他俩刻成桃人悬挂于门上，如果发现有厉鬼，他们就立刻把那鬼捆绑起来，来保护宅院里人的平安。到了唐朝以后，门神就变成了秦琼和尉迟恭。秦琼和尉迟恭是唐太宗李世民手底下的两员大将，曾帮助李世民打过天下。传说李世民做了皇帝以后，每天夜里都不得安宁。原来他打天下时杀人太多，每到夜里总有死去的鬼魂来在宫门前叫屈喊冤，扰得李世民夜不成寐。秦琼和尉迟恭知道这件事以后，就每天夜里来到宫门前站岗。这两员大将威风凛凛地一站，那些鬼魂就不敢再来了，李世民也得以夜夜安寝。可他不忍心让这两员有功之臣夜夜辛苦地站岗，于是就命画工把两人的像画在宫门之上，以威吓鬼魂，这种办法也很管用。后来门上画像的办法又传到了民间，成为民间年画的来源，所以我们看民间的年画门神，一个个也都是持剑舞鞭、怒目圆睁的样子。老百姓认为过年贴上对门神可保佑一年的平安，所以过去不管家里多穷，过年的时候也要请上一对门神的，贴在大门上保证大鬼小鬼进不来。过去每到春节的时候，中国北方大门清一色地都贴上了红红绿绿、威威武武的门神，那阵势煞是威严。

　　春节的时候，除了请门神以外，老百姓还有送灶王的习俗。灶王据说曾是玉皇大帝的御膳厨子，是玉皇派下来监视老百姓言行的，掌管着一家人一年的祸福。所以，过去在北方每家锅台后面的墙上都要贴一张灶王爷的画像。在南方对灶王爷似乎更加敬重，在江南一带的锅灶上面要单独设一个小小的灶龛，灶龛修得和小庙一般，也有高高的台阶、两面坡顶的结构、青瓦的屋面，灶龛里面请上灶王爷，一年到头看着一家人的举动，有的还在灶王爷两边贴有一副对联，上面写着"上天言好事，下界降吉祥"，横批是"一家之主"。这是什么意思呢？原来每年的腊月二十三这天，灶王爷要上天述职，向玉皇大帝汇报这一家人一年的表现和对玉皇大帝是否敬重。老百姓都害怕灶王爷在玉皇大帝面前说自己家的坏话，等玉皇大帝怪罪下来一家人都跟着遭殃。所以，每年的这一天家家户户都要设祭送灶王上天，希望他在天上能替自己家多说几句好话。这一天老百姓也要把贴了一年、满脸灰尘的灶王揭下来换上新的灶王像，年年如此。有的地方这一天还做年糕，希望灶王爷吃了年糕粘住嘴，不能说什么坏话。现在，新建的房子里设施、布局已经发生了很大的变化，但在江南地区新修的灶台上面仍留有供奉灶王爷的灶龛。这种供奉灶君的风俗在今天的福建更是随处可见。在福州官巷的一家大宅院里，原来院子中宽敞的大厅被改造成了七八家居民的灶间，各家的灶台上都贴有灶王爷的画像，画像两边还贴着对联，什么"鼎中生白玉，灶里出黄金"，"天上状元府，人间司命神"等等。灶王像都很精彩，有木版印的，也有彩印的。七八张各色灶王像同贴在一面墙上，各自供奉着不同的香炉，也真算是现代城市的一大奇观。而院子中的居民几乎都对灶王爷的来历津津乐道，可见对灶王爷的敬仰在民间有多么的兴盛。

在四合院中除了人们普遍敬奉的门神、灶王爷、土地爷等，不少地方的人们相信还有其他神灵在左右着一家人的平安和宅院的安宁，所以各地还有供养保家姑姑或供奉关公的。在我国北方的不少地方，大门楼里左右墙上各有两个小的神龛，称为"门神窝子"。这"门神窝子"是天地诸神都供养的，有一尺多高、半尺多宽，用雕花砖砌成。每年的腊月三十要在这里烧香请诸神来过年，初三还要在这里送神，烧香则一直要烧到正月十五。现在，在山东烟台的所城，这种"门神窝子"在老门楼上还比比皆是。鲁西南民居在正房屋门的东侧也有一个"神台子"，一般只有一块砖的大小，里面供养的也是天地诸神。每年的大年三十，主人也要在"神台子"里

供上三炷香，许上愿，保佑一家人一年平安。在陕西一带，
由于土地干旱，饮水匮乏，那里的农民在院子里水井旁的墙
上设一个神龛，供仰着水龙王（图23），乞求老天爷能及时降
雨，保证田地里庄稼不遭干旱。

图 23　陕西四合院的水龙王

　　四合院的这种民间信仰一直持续到近代，民国时期建造
的四合院还保留有这样的神台子，50 年代以后所建的房子似
乎没有了神台子的位置，不过不少人家仍有在过年时请神送
神的习俗。现在，除了个别的乡村以外，这种过年祭神的风

俗已经渐渐地消失了。

（三）婚丧嫁娶与四合院

婚丧嫁娶都是人生的大事，特别是在封建社会，人们遵从封建礼教和道德标准，使许多年来婚丧活动形成了一套完整的习俗。一个四合院往往是一家几代人要住上几辈子，晚辈的长大成家，老辈的不幸过世，不免都要发生在院落之中，因此四合院在这些特殊时期的布置装扮自然也形成了一套规矩。

山东聊城市有这样一个规矩：谁家有人过世了，就在门楼旁边悬一只鼓，并用红绳系上鼓槌，一是告诉左邻右舍家里有丧事避免来打搅，再是如果亲人来奔丧，进门之前要敲鼓通知里面的人，男的敲三下，女的敲两下，里面守孝的人听到外面的鼓声，知道亲人来奔丧了，就开始啼哭。门楼上悬鼓就成为报丧的一种标志。而在山东东部的龙口市，如果家里有了丧事，并不在大门旁悬鼓，而是在大门旁专门扎上丧棚。丧棚一般是用竹竿搭成的，四周及顶上用席子围好，挂上白布挽幛，丧棚里要能放下一张大八仙桌和六七把椅子。如果是有钱人家，就要在大门的两边各搭一间丧棚，这样，从大街上很远的地方就能知道这家的丧事。丧棚里面一般要请一套班子的吹鼓手，有吹大号的、有吹唢呐的。如果有人来吊丧，吹鼓手就唢呐、大号一起吹起来，堂屋里扶棺叩首的人也就知道外面有人来奔丧了。

上述两地的院落虽然在丧事上布置有所不同，但表达的目的都是一样的：一是告诉亲朋乡亲家里有了不幸，避免不必要的打扰；二是造成一种悲伤严肃的气氛。在一般四合院中如果有了丧事也大体要布置成这种氛围，比如堂屋要专门布置成灵堂，桌子上要摆上亡者的牌位，桌子前面要摆上各种供品和烛台等，屋子及院子里则要挂上挽幛挽联。在北方还要打开二门上的屏门等等。总之，要渲染这种肃穆的气氛。

四合院最热闹的场景要数婚嫁的场面。旧时男女的婚配都是遵守封建的宗法，必须依从于"父母之命，媒妁之言"，男婚女嫁必须是门当户对，这是家族中的大事，也是家族兴旺昌盛的标志。所以，不管是穷家富家自然都要热闹一番，送彩礼、去迎亲、奏乐曲、摆宴席自然不用说了，单讲四合院的布置就有不少的习俗。

首先要把院子里里外外打扫干净，粉刷一新，门窗擦净，大门要漆上新漆，窗户换上新窗户纸。在北方炕上还要换上

新编的红席子，仰棚上要糊上新纸，墙上要贴上各种喜庆的
年画，窗户上要贴上大红的剪纸，大门上贴上新的对联。这
还不算，还要把大红的喜字贴到院子和街上最显眼的地方，
整个院子布置得红红火火、热热闹闹。在山东有的地方还有
在门楼上放一对红砖的习俗，红砖是叠着放在一起，外面用
红纸包上，还要用红绳绑一双筷子，寓意是一双新人结合在
一起了，男方家里又多了一口新人。在结婚那天，要把这对
红砖放在大门楼的上面，并且要燃放鞭炮。如果男方家里兄
弟多，又都是近几年结婚的，那么门楼上要放好几块砖，老
远望去很是耀眼，这在村里也是一件值得炫耀的事儿。

　　当然，过去对婚俗最为讲究的还是江南的江浙地区。富
庶的江南自古生活富裕、文化昌盛，又极遵从传统的文化道
德，因而生活习惯繁缛讲究，像婚姻这种大事自然也有一套
独特的礼仪。在苏州地区结婚时除了院子里张灯结彩之外，
还要布置专门的喜堂，喜堂是专门举行结婚仪式的地方。在
多进四合院中，喜堂一般布置在大厅当中，墙上要挂"天赐
良缘"、"花好月圆"、"永结同心"、"五世其昌"等喜幛。门厅
的柱子上也要贴上红对子，什么"魁星常耀书香第，祥云时
护积善家"、"枝头梅绽春来早，堂前榴开福占先"等等，都

是些吉祥祝贺的话语。喜堂内桌子上的摆设也极具婚庆的特色，桌子上要放三只分别盛有大枣、核桃、桂圆的高脚盘，分别取其早生贵子、和和气气、团团圆圆的意思，而桌子和椅子也分别围上了大红的桌围子和椅被子。在屋顶大红灯笼照耀下，整个喜堂一片热热闹闹、喜气洋洋的气氛。

新房的布置就更能显示出喜庆的气氛了。新房的当中是一张宽大的雕花架子床，床的周围围以大红的床幔，架子床的花格上贴满了各种喜庆内容的剪纸。在床的边上还要挂一杆秤，是用来挑新娘盖头的，取称心如意的意思；另外，床的旁边还摆着女方家准备的食盒子、箱子，上面也贴上了大红的喜字剪纸。整个屋子布置得温暖而亲切。

在我国北方的四合院中与婚嫁喜庆有关的习俗还有很多，像河北地区，如果是谁家生了男孩要在门楼上挂一张弓，而生了女孩则要放一架纺车，是希望男孩长大后威武强壮，女孩长大后勤劳能干。现在，这些风俗除了在少部分地区较完整地保存下来以外，大都发生了变化。有些习俗却依旧兴盛，如结婚贴大红喜字，不光乡村贴、城市贴，还在街道和酒店里贴。曲阜等地在旅游点上恢复了传统的北方洞房布置，还举行传统婚礼表演，吸引了不少中外旅游观光者。这对丰富和发展当代民俗活动都起了有益的作用。据说，这种传统喜庆活动还成了不少地方的旅游热点呢！

（四）民间美术与四合院

中国传统的民间美术包括的范围很广，像雕刻、剪纸、年画等等，都属于民间美术的范畴，而这些民间美术形式绝大部分又是围绕着四合院发生的。过去的那些四合院，几乎每一处都是用民间美术作品进行装饰的，像前几章提到的门楼上面的砖雕、木雕、石雕和屋脊上的造型，大门上的门神等等，都是民间美术在四合院中的表现。

民间美术是传统农耕社会中民间艺人创造的一种特有的艺术形式，它代表了老百姓的智慧和美好的愿望，而四合院又是民间艺人进行艺术创造的主要载体，所以研究四合院离不开民间美术。也正是这些四合院，为我们保存下来了许多珍贵的民间美术形式，像北京四合院的砖雕，徽州民居的"三雕"等等。这些民间美术形式的差异也是构成各地四合院差别的重要因素，它们极大地丰富了四合院的内涵，形成了四合院无穷无尽的魅力。不过，上述这些民间美术的形式都是在四合院建造过程中形成的，还有一种民间美术形式是居住在四合院中的老百姓刻意创作的，像剪纸、年画、炕围子画等等。它们更是活生生的民间美术，数代流传，几经发展，内容丰富多彩，灿烂无比，不光保留有作品，而且产生了一大批民间艺人，这是其他艺术形式所无法比拟的。

记得小时候在胶东农村老家过年，大人们总是把糊了一年的旧窗户纸揭下来，重新裱上一层雪白的新窗户纸，然后又在那雪白的窗户纸上贴上各种各样的红色剪纸，什么喜鹊登梅、五蝠捧寿、狮子滚绣球等等，把本来朴素的农家小屋打扮得红红火火。至今我还记得那剪得极细的毛茸茸的狮子，最初的艺术熏陶就是从那时开始的。

剪纸是一种地地道道的民间美术，在全国各地有许多著名的剪纸之乡。在北方，像陕西延安、山西新绛等地，都是重要的剪纸之乡。胶东剪纸也是众多剪纸流派中的一支，其风格细腻而夸张，内容也别具一格。胶东从老太太到小姑娘都会剪纸，家家户户不光春节时候贴剪纸，谁家有什么结婚生子喜庆活动的时候，也是用剪纸装扮院子的。过去，胶东院落都是灰砖色的，没有什么装饰，朴素而自然，用这些大红大绿的剪纸一点缀，院子里的气氛一下子热闹起来，人们的喜悦心情也随着这热闹的气氛流露出来。创造这些剪纸的农家妇女多没有什么文化，她们通过手里的剪刀来表达那些美好的愿望。她们把这些剪纸贴在大门上、窗户上、顶棚上、墙上许多农家孩子就是从这些精美的民间剪纸上获得了美术启蒙。

在春节，北方四合院另外一种装饰形式就是贴对联、门斗和挂门笺了。对联、门斗大家都比较熟悉，不光四合院有，大的宫室园林也有，而挂门笺在过去只有春节时才能在老百姓家的大门上见到。所谓门笺，就是在大红、绿、桃红、黄和紫色五种颜色的彩纸上面刻上各种吉祥的图案，像花鸟鱼虫、瑞兽祥云等等。过年的时候，要把这些门笺依次贴在大门的门框上，这些花花绿绿的门笺随风飘动，十分地耐看。这些门笺有些是老百姓自己刻的，有的是从年集上买的。前几年在胶东腊月大集上还见到不少卖这种过门笺的摊子，两三毛钱一套，不过上面刻的图案已经大大简化了。但不管怎样，春节时家家户户必须要挂门笺的，北方的院落缺少色彩，特别是冬季，万木萧条，可是看看大门上那些跳动着的红红绿绿的门笺，能给人们平淡的生活带来多少欣喜和欢乐呀！

说到四合院的美化，当然还应该谈谈我们传统的年画。年画是我国特有的民间美术形式，山东潍坊的杨家埠、天津的杨柳青、苏州的桃花坞都是全国著名的年画之乡，创作的传统年画数不胜数。前节提到的门神，只是其中的一种形式。过去过年的时候，一般人家的墙上还要贴"年年有鱼""鲤鱼跳龙门""文官财神"等等内容的年画。年画色彩鲜艳、亮堂，往墙上一挂，整个屋子也为之一亮。

当然，民间美术的形式还有很多，这些由老百姓利用空闲时间创造的、装饰自己门面的民间美术形式，极大地装扮美化了我们的生活院落。通过对民间美术的调查发现，在四合院越是古朴、简陋的地方，这些像剪纸、年画的民间美术越发达，像前面提到的山西、陕西的剪纸之乡都是这样。山东的高密地区是山东四合院最简朴的地方，那儿典型的民居就是土坯墙麦草顶的房子，可高密却是全国著名的民间美术之乡，那儿的剪纸、年画、泥玩具被称为民间美术三绝，不仅批发到山东境内，还远销到河北、河南等地。那儿的农民也用这三种民间美术品把自己的小院子装饰得漂漂亮亮、红红火火。在那里虽然见不到那些巧夺天工的砖雕石雕，但仍然可以感受到热热闹闹的生活气息。民间美术构成了四合院之魂，我们不得不佩服民间艺人生生不息的创造力。

六、四合院的现代思考

经历了千百年历史的四合院从来没有像今天这样在飞快地消失，关心四合院命运的人也从来没有像今天这样广泛。从研究民居的专家学者到普普通通的百姓，人们都在密切关注着四合院的现状和未来。

（一）传统四合院的消失

过去，几乎每一座城市都有着数不清的四合院。这些海洋般的四合院里曾发生过多少人世间动人的故事，它们让人感到生活的美好和温情。然而，几乎是在一夜之间，这些四合院却几近销声匿迹了。1996 年的冬季，一则关于北京的一座四合院又要拆除的消息引起了全国各方面的关注，北京、上海等地的报纸针对这座四合院去留的问题进行了大量的报

136 / 中国俗文化丛书

道，不少人还撰文追忆几十年来与这座四合院的感情岁月。为什么一座四合院能引起人们这么大的关注呢？原来，这座位于八道湾11号的四合院是鲁迅先生的故居，鲁迅先生20年代曾在这座院子里整整生活了4年，同时这座四合院又同中国的近现代历史有着密切的联系。

1917年7月，鲁迅先生用卖掉绍兴祖屋的钱再加上平日的积蓄买下了这座位于八道湾11号的四合院，经过修理后于同年12月同母亲和兄弟一起迁入。在这座四合院里，鲁迅先生进行了大量的文学创作活动，著名的小说《阿Q正传》和小说集《呐喊》就是在这里写作和编辑完成的。同时，这里又是当时北京文人和革命家汇集的地方，李大钊、毛泽东、胡适、郁达夫、沈雁冰等著名的革命家和文人学者都曾到过这里。所以，这座四合院对中国近代历史和现代文化的研究都有着非同小可的意义。这座四合院作为鲁迅的故居，也远比现在的西三条胡同更有意义。可就是这样一座极有价值的四合院，却被有关部门列入危旧房改造的范围，面临被拆毁的危险。消息传出后，引起了社会各界的关注，许多人都为这座四合院的命运奔走呼号，纷纷向文物部门和房产部门呼吁，建议保留此院。后来终于得到了有关部门的理解支持，并印发了《关于保护八道湾 11 号鲁迅故居的通知》。消息传来，大家都长长地舒了一口气。

从整体上看，四合院的消失大体经历了三个过程：首先是 50 年代初，由于社会性质的转换，许多城市在由消费城市急剧转向工业城市的同时，四合院的主人发生了根本的变化。原来属于社会消费阶层的私人四合院开始更换主人，并且许多城市出现了大量的空余四合院。

从 60 年代到 70 年代末，由于四合院人口的急剧增长，居住环境越来越恶化。特别是"文革"十年，四合院原有的住户秩序更加混乱，作为私有住宅的四合院这时已经不存在了。同时，四合院作为封建社会的遗存，它的装饰性的门楼、二门、瓦脊、门枕石等等，都成了当时破四旧的对象，几乎所有四合院的雕饰都遭到了不同程度的毁坏。这时的四合院疏于修缮、缺乏管理，已急剧地走向了衰败。到了八九十年代，大规模的房地产开发终于使那些历经劫难的四合院走到了尽头。在几乎所有的大城市，我们已经很难找到一整片完整的四合院了，并且消亡速度越来越快。

(二)"古风无价"与《老房子》引起的思索

1996 年 3 月，也就是全国各地报纸在为北京八道湾 11 号去留问题争论纷纷的时候，一场名为"古风无价"的摄影展在北京引起了更大的轰动。这是由一家美国公司赞助的摄影展，它于1996年3月在北京的中国历史博物馆开幕。本来在北京文化生活和艺术活动如此丰富的今天，一个规模不大的摄影展是件极为平常的事情，然而名为"古风无价"、看似平常的摄影展，展出的却是中国传统建筑最精彩的部分——民居，就像展览的名字一样，它代表的是一种无法用金钱衡量的文化价值。这次展览在北京文化界的影响是巨大的，各文化机构，甚至于商场都贴满了"古风无价"的海报。展览期间，观者如潮，不光是文化界的人士，北京许许多多的普通百姓也怀着极大的兴趣观看了展览。那一幅幅沉着凝重、装帧精美的黑白照片把中国民居特有的神韵淋漓尽致地展现在人们面前，使看惯了高楼大厦的观众，面对着这些"老房子"散发出来的中国传统文化特有的气息，开始反问自己：我们该如何对待我们的民族文化和民居建筑？

其实，早在90年代初，江苏美术出版社鉴于老房子的迅速消失，就组织了大量的人力物力进行了《老房子》系列丛书的拍摄准备工作，之后，编辑出版了《江南民居》、《山西民居》、《皖南民居》等一系列居民摄影专辑。这一本本拍摄严谨、装帧精美的黑白摄影集生动地记录了各地即将消失的古老民居，作者深入偏远乡村，抢救性地记录了当地那些典型的民居建筑，许多建筑资料还是首次发现和公布。这套《老房子》丛书受到各界文化人士喜爱，虽然从研究的角度来看，这套丛书的文字说明还显得不足，但它毕竟保存了一批完整的民居形象资料。当时《老房子》丛书虽然对工薪阶层来说价格不低，但在一些地方还是很快脱销。

此后，关于老房子的书籍各地都有出版，但都没有《老房子》有特色和资料详细。这次"古风无价"的展览不过是对前些时候《老房子》丛书照片的一次集中展示。展厅中展览的最后一张照片是一座即将消失的老房子，那凝重的色调再次打动了人们的心灵：这些老房子究竟还能保存多久，为什么这么灿烂的传统文化这么快就消失了，即使是花朵也该留下果实啊！

在文化界，四合院、老房子的命运更是牵动着一切关心民族传统文化的人的心灵。一方面，有关北京胡同、北京四合院、上海里弄、陕西窑洞等传统居住文化的书籍不断出现；而另一方面，杂志、报刊上有关四合院的报道也屡见不鲜。偶尔翻开 1996 年岁末的两份报纸——《济南时报》和《北京青年报》，都有有关四合院的报道。《北京青年报》1996年12月25日是以《北京四合院备受青睐》为题发表的配图文章，而《济南时报》的题目是《京城古建筑呼唤保护》："本报讯，北京以其悠久的历史，灿烂的文化，独特的四合院、小胡同以及现代化的都市风采吸引着众多的中外游客……近日记者偶尔走街串巷，目睹了一些很让人心痛的事情，一些有特点的小四合院即将拆掉了，一些现代化的建筑加上了仿古的屋顶……如何在现代化进程中保护好优秀的建筑文化遗存，是一个令全世界学者和政府官员都十分关注的问题。"

作为中国几千年的主要居住形式，四合院的存在有着深刻的社会背景和生活土壤。

四合院的过去是属于我们的。

四合院的现在是属于我们的。

四合院的将来也会属于我们。

后　记

　　对于传统民居的认识，我是从上大学时候开始的。上学时我学的虽然是环境艺术设计专业，但几次参加山东省的民俗和民间美术调查使我深深地感到了民间文化的无穷魅力。从那时起我就开始了一些民居资料的积累，也是从那时起，我坚信了我们的现代设计必须建立在对民族文化深刻认识的基础上。毕业设计的时候，我进行了一次胶东民居的调查，所作的题目就是"胶东民居的过去和未来"。

　　毕业后当了教师，有了自己的时间和空间，便开始有计划地进行山东民居的调查。《胶东民居的考察报告》、《济南民居的四合院》等等，都是当时利用暑假完成的。在这期间，我有幸得到了民艺界前辈毕克官、王树村先生的鼓励和关心。他们都是毕生研究民艺的专家，对民族文化有着深厚的感情。

他们做民艺调查时踏实的工作作风和敬业精神深深地感染着我，这使我在刚工作时各种不利的环境中始终没有放弃对民居的调查。那时，上千张的民居照片都是我在没有一点经费的情况下省吃俭用拍下的，没有他们的鼓励当时我是很难在民居调查的这条道路上走下来的。我应该感谢这些民艺研究的前辈，是他们给了我许多信念上的支持，使我在面临事业人生重新选择的时候没有随波逐流。

从对传统民居产生兴趣，到把它视为自己生命中的一部分，并不是一天两天所感悟的。这几年的民居考察，使我接触到了许多生活在四合院中的普通百姓，这些普普通通的老百姓对传统文化的感情，使我明白了一个知识分子应有的社会责任感。在历城东部山区的小龙堂村，70多岁的乡村老教师张鼎麟先生把积攒了一生的乡村笔记送给了我。在这本粗糙的本子中，张老先生用密密麻麻的小楷考证了整个家乡寺庙、古桥、村落和街道的来历及变迁，一字一句浸透着老人一生对家乡一草一木的热爱。在福州的乌山下，67岁的林子亮老人面对要拆毁的古屋哽咽着对我说："再好的房子我也不能去住啊，祖宗留下的东西在自己手里丢了，真愧对祖宗啊……"这些年来，我从许多老人那儿得到了他们保存下来的祖谱、图纸、地契等记录这些老房子变迁的重要资料。这些老人大多一生坎坷，可他们视民族文化如同自己的生命，他们的精神一次次地感动着我。要抢救那些马上就要消失的民居资料，没有这种精神的支撑，我的民居调查也是很难坚持到今天的。

我很感谢童年我在烟台四合院生活的那段快乐的时光，也要感谢父母那时没有给我以学业的压力，使我可以在院子里自由地涂抹，可以在胡同里跑来跑去。那宁静的院落和胡同给了我许多亲近大自然的机会，对绘画的热爱和对自然的向往就像自由的种子在我童年的心灵中慢慢成长，这对我以后对艺术的热爱都起到了潜移默化的作用。

可是我们下辈子的孩子绝大部分要生活在单元楼里了，即使个别生活在四合院中的孩子面对的也是面目全非的四合院，他们再也无法看到那些精美的砖雕石刻、门楼挂罩了。我不知道传统文化在他们身上是否还有影响，那狭小的不见阳光和绿树的单元楼会对他们的心灵起什么作用，看看街上一座座"肯德基"和"麦当劳"里那些兴致勃勃的孩子，我真的不敢多想。

在将要完成此书的时候，我刚从福州回来。在离开福州的前一天晚上，我终于联系上了七十多岁的叶芳琪老人。叶芳琪老人是萨镇冰失去的世交叶祖圭的后代，从小萨老就把叶芳琪当作自家的孩子一样。我前几年在威海作刘公岛建筑调查的时候就听说萨镇冰是北洋水师著名的爱国将领，刘公岛上那些古建筑因为这些英名而名扬天下，来到福州怎么能有不拜见萨老故居的道理？那天晚上，我们穿过了流光溢彩的五一路，拐进了昏暗的朱柴坊。可我们看到的萨镇冰的故居是什么样子呢？这座福州最精美的五进大院现在被 20 多户人家分住，连院里的住户也不清楚这个院子里到底住了多少人。那雕饰精美的大厅被改成了一家家的灶台，我们去的时候正是吃饭的时间，有的住户在忙着做饭，有的大人在呵斥着孩子吃饭，没有人注意我们的到来，只有呛人的油烟味弥漫在这座有着 500 年历史的明代建筑之中……院子西侧的中厅和花园，曾是萨镇冰抗战前的住处，过去在花园中间还有高大的梧桐树，一座由太湖石砌起的假山。叶芳琪老人动情地回忆起当年他和他的弟弟就在假山的池塘里钓螃蟹，而萨镇冰老人侧坐在中厅前的栏杆上和蔼地看着他们俩……可现在院子哪里有假山水池的影子？黑暗中一座三层的水泥楼狰狞地占据了原来花园的一半。这就是甲午海战百年后那位著名的抗敌英雄故居的面貌，想到这些心里不禁一阵酸楚。

40 年前，当我们的北京城要拆毁城墙的时候，梁思成为此奔走呼号，但最终那座被他称为"气魄雄伟，精神壮丽的杰作"的城墙被拆毁了，最后梁思成痛心地说："每拆一座城楼就像挖去我的一块肉，每拆一层城墙就像扒我一层皮。"在那个谁反对拆墙就开除谁的党籍的年代，又有几个人能理解这位视民族文化为生命的学者的感情呢？去年开始，北京又发出了"爱古都献城砖修复城墙"的号召。据说捐献城砖的有 80 岁的老者，也有刚刚入学的儿童，可到去年的年底，全北京总共才收了 2 万块城砖，这对照老北京内城 15 千米、外城 25 千米长的城墙是多么可怜啊。

40 年前，我们几乎所有传统城市都有自己的城墙，就像前几年我们所有的传统城市的传统民居一样。可仅仅几十年后的今天，除了南京、西安等少数城市有几段城墙外，哪里还能见到城墙的影子呢？现在的孩子别说见到"气魄雄伟、精神壮丽的杰作"了，就连城墙为何物，大概也不知道吧？我真的不敢想我们明天的四合院。

本书是在半年内匆匆成稿的，许多问题都来不及深谈，如不同时期四合院的内部陈设，像南方四合院的厨房、厅堂，北方四合院的火炕、卧房，都能很好地反映一个地方的风俗和文化，还有四合院不同时期的造价，四合院在不同的时期有着明显的价值差异，有的地方还以小米、布匹等实物折价作为四合院的造价标准，这些都是当时社会生活的经济状况的反映……

四合院的题目远远没有做完。

我想再有几十年的积累，大概到六七十岁的时候，我会给读者交一本比较满意的四合院的书吧。